格致方法·定量研究系列　吴晓刚　主编

微分方程：一种建模方法

[美] 考特尼·布朗(Courtney Brown) 著

李 兰 译

SAGE Publications, Inc.

格致出版社　上海人民出版社

出版说明

由吴晓刚（原香港科技大学教授，现任上海纽约大学教授）主编的"格致方法·定量研究系列"丛书，精选了世界著名的 SAGE 出版社定量社会科学研究丛书，翻译成中文，起初集结成八册，于 2011 年出版。这套丛书自出版以来，受到广大读者特别是年轻一代社会科学工作者的热烈欢迎。为了给广大读者提供更多的方便和选择，该丛书经过修订和校正，于 2012 年以单行本的形式再次出版发行，共 37 本。我们衷心感谢广大读者的支持和建议。

随着与 SAGE 出版社合作的进一步深化，我们又从丛书中精选了三十多个品种，译成中文，以飨读者。丛书新增品种涵盖了更多的定量研究方法。我们希望本丛书单行本的继续出版能为推动国内社会科学定量研究的教学和研究作出一点贡献。

总　序

2003年，我赴港工作，在香港科技大学社会科学部教授研究生的两门核心定量方法课程。香港科技大学社会科学部自创建以来，非常重视社会科学研究方法论的训练。我开设的第一门课"社会科学里的统计学"（Statistics for Social Science）为所有研究型硕士生和博士生的必修课，而第二门课"社会科学中的定量分析"为博士生的必修课（事实上，大部分硕士生在修完第一门课后都会继续选修第二门课）。我在讲授这两门课的时候，根据社会科学研究生的数理基础比较薄弱的特点，尽量避免复杂的数学公式推导，而用具体的例子，结合语言和图形，帮助学生理解统计的基本概念和模型。课程的重点放在如何应用定量分析模型研究社会实际问题上，即社会研究者主要为定量统计方法的"消费者"而非"生产者"。作为"消费者"，学完这些课程后，我们一方面能够读懂、欣赏和评价别人在同行评议的刊物上发表的定量研究的文章；另一方面，也能在自己的研究中运用这些成熟的方法论技术。

上述两门课的内容，尽管在线性回归模型的内容上有少量重复,但各有侧重。"社会科学里的统计学"从介绍最基本的社会研究方法论和统计学原理开始,到多元线性回归模型结束,内容涵盖了描述性统计的基本方法、统计推论的原理、假设检验、列联表分析、方差和协方差分析、简单线性回归模型、多元线性回归模型,以及线性回归模型的假设和模型诊断。"社会科学中的定量分析"则介绍在经典线性回归模型的假设不成立的情况下的一些模型和方法,将重点放在因变量为定类数据的分析模型上,包括两分类的 logistic 回归模型、多分类 logistic 回归模型、定序 logistic 回归模型、条件 logistic 回归模型、多维列联表的对数线性和对数乘积模型、有关删节数据的模型、纵贯数据的分析模型,包括追踪研究和事件史的分析方法。这些模型在社会科学研究中有着更加广泛的应用。

修读过这些课程的香港科技大学的研究生,一直鼓励和支持我将两门课的讲稿结集出版,并帮助我将原来的英文课程讲稿译成了中文。但是,由于种种原因,这两本书拖了多年还没有完成。世界著名的出版社 SAGE 的"定量社会科学研究"丛书闻名遐迩,每本书都写得通俗易懂,与我的教学理念是相通的。当格致出版社向我提出从这套丛书中精选一批翻译,以飨中文读者时,我非常支持这个想法,因为这从某种程度上弥补了我的教科书未能出版的遗憾。

翻译是一件吃力不讨好的事。不但要有对中英文两种语言的精准把握能力,还要有对实质内容有较深的理解能力,而这套丛书涵盖的又恰恰是社会科学中技术性非常强的内容,只有语言能力是远远不能胜任的。在短短的一年时间里,我们组织了来自中国内地及香港、台湾地区的二十几位研究生参与了这项工程,他们当时大部分是香港科技大学的硕士和博士研究生,受过严格的社会科学统计方法的训练,也有来自美国等地对定量研究感兴趣的博士研究生。他们是香港科技大学社会科学部博士研究生蒋勤、李骏、盛智明、叶华、张卓妮、郑冰岛,硕士研究生贺光烨、李兰、林毓玲、肖东亮、辛济云、於嘉、余珊珊,应用社会经济研究中心研究员李俊秀;香港大学教育学院博士研究生洪岩璧;北京大学社会学系博士研究生李丁、赵亮员;中国人民大学人口学系讲师巫锡炜;中国台湾"中央"研究院社会学所助理研究员林宗弘;南京师范大学心理学系副教授陈陈;美国北卡罗来纳大学教堂山分校社会学系博士候选人姜念涛;美国加州大学洛杉矶分校社会学系博士研究生宋曦;哈佛大学社会学系博士研究生郭茂灿和周韵。

　　参与这项工作的许多译者目前都已经毕业,大多成为中国内地以及香港、台湾等地区高校和研究机构定量社会科学方法教学和研究的骨干。不少译者反映,翻译工作本身也是他们学习相关定量方法的有效途径。鉴于此,当格致出版社和 SAGE 出版社决定在"格致方法·定量研究系列"丛书中推出另外一批新品种时,香港科技大学社会科学部的研究生仍然是主要力量。特别值得一提的是,香港科技大学应用社会经济研究中心与上海大学社会学院自 2012 年夏季开始,在上海(夏季)和广州南沙(冬季)联合举办"应用社会科学研究方法研修班",至今已经成功举办三届。研修课程设计体现"化整为零、循序渐进、中文教学、学以致用"的方针,吸引了一大批有志于从事定量社会科学研究的博士生和青年学者。他们中的不少人也参与了翻译和校对的工作。他们在繁忙的学习和研究之余，历经近两年的时间，完成了三十多本新书的翻译任务，使得"格致方法·定量研究系列"丛书更加丰富和完善。他们是：东南大学社会学系副教授洪岩璧，香港科技大学社会科学部博士研究生贺光烨、李忠路、王佳、王彦蓉、许多多，硕士研究生范新光、缪佳、武玲蔚、臧晓露、曾东林，原硕士研究生李兰，密歇根大学社会学系博士研究生王骁，纽约大学社会学系博士研究生温芳琪，牛津大学社会学系研究生周穆之，上海大学社会学院博士研究生陈伟等。

陈伟、范新光、贺光烨、洪岩璧、李忠路、缪佳、王佳、武玲蔚、许多多、曾东林、周穆之，以及香港科技大学社会科学部硕士研究生陈佳莹，上海大学社会学院硕士研究生梁海祥还协助主编做了大量的审校工作。格致出版社编辑高璇不遗余力地推动本丛书的继续出版，并且在这个过程中表现出极大的耐心和高度的专业精神。对他们付出的劳动，我在此致以诚挚的谢意。当然，每本书因本身内容和译者的行文风格有所差异，校对未免挂一漏万，术语的标准译法方面还有很大的改进空间。我们欢迎广大读者提出建设性的批评和建议，以便再版时修订。

我们希望本丛书的持续出版，能为进一步提升国内社会科学定量教学和研究水平作出一点贡献。

吴晓刚
于香港九龙清水湾

目 录

序

在介绍统计方法的著作中,有一小部分著作主要介绍数学方面的知识。例如,哈格尔(Hagle)的著作为社会科学家介绍了一些基本数学知识,艾弗森(Iversen)的著作介绍了微积分。赫克费尔特(Huckfeldt)、科费尔德(Kohfeld)和莱肯斯(Likens)合著的《动态模型》是一本更专业的数学书,介绍了差分方程。本书通过把时间作为连续变量而非离散变量,进一步介绍微分方程,以便拓展读者数学方面的知识。

数学和统计学存在一些基本差别。统计学过去一直被看作应用数学的一个分支,介绍如何把数学应用到社会科学研究中。虽然这两个学科都使用相同的数学符号来表示变量、参数及方程,但是统计模型的特点在于它的随机性,而数学模型一般是确定性的(虽然随机过程也可以放到模型中,生成随机微分方程)。统计模型有助于社会科学家验证理论,而数学模型有助于研究人员做理论探索和理论构建。统计模型包括数据归纳(如利用大量的观测值来做参数估计),而数学模型则意味着知识的延伸(如用几个起始条件来预测一系列的行为模式)。

布朗的这本《微分方程》将具体介绍如何应用微分方程来构建理论并扩展知识。

尽管莱布尼兹和牛顿早在 17 世纪就创立了微分方程,但微分方程在社会科学中的应用却滞后了很久。例如,马尔萨斯利用一个常微分方程得到人口增长模型,$dp/dt = rp$,其中,p 表示人口数量,它是时间 t 的指数函数,指数增长率由参数 r 决定。然而,微分方程在社会科学中的实际应用是在 1925 年人口学家、生态学家艾尔弗雷德·洛特卡(Afred Lotka)提出了洛特卡—沃尔泰拉模型(Lotka-Volterra model)之后,这是一个描述两个物种之间猎食关系的模型。从此以后,这个模型得以扩展,可应用到多个物种及其他人口学分析中。除了在人口学研究中的应用,微分方程在 20 世纪还被数学家、物理学家、心理学家路易斯·弗莱·理查森(Lewis Fry Richardson)成功应用到经典的军备竞赛模型中,还被社会学家肯尼斯·兰德(Kenneth Land)应用到涂尔干社会劳动分工(Durkheimian division of labor in society)的数学模型以及许多其他现象的分析中,例如,社会、文化和科技传播及流言的散布的分析。

布朗不仅为数学和统计学拓展了一个主题,而且向社会学家提出了新的挑战,希望社会学家能走出以变量为取向的思维定势,更多地从过程的角度来思考问题,因为对过程的理解毫无疑问是正确理解人类的政治、心理和社会行为至关重要的一个环节。

廖福挺

第 **1** 章

动态模型与社会变迁

人类生活在持续的时间里,所有社会现象的发生都是连续的。微分方程正是模拟这种随时间推移而连续发生的变化。微分方程在模拟社会和政治变迁上的广泛应用能开启社会科学前沿研究的新局面。

在物理和自然科学领域,科学家们常常用微分方程来模拟各种现象的变迁。这样做的原因并不是他们所研究的现象呈现出来的变化过程非常独特以及与社会和政治变迁存在本质差异。例如,化学反应中的传染和扩散过程与社会现象呈现出来的过程类似。更确切地说,物理学家和自然科学家使用微分方程是因为想用这些模型来更好地模拟在真实世界中发生的现象随时间连续变化的本质。也就是说,这些现象本身要求使用微分方程。

社会科学家也研究变迁,且有几个非常值得注意的、用微分方程来模拟社会变迁过程的例子。这些有巨大影响的例子已经成为现有社会科学文献中经典的理论思考典范。路易斯·弗莱·理查森的军备竞赛模型就是其中的一个例子。

然而,微分方程在社会科学中的应用程度远没有自然科学和物理科学中那么广泛。这主要由两方面原因造成:一方面源自理论,另一方面源自传统。从理论角度来讲,社会科学中大量早期的经验研究都建立在 20 世纪 50 年代出现的人口调查的基础上(Berelson, Lazarsfeld & McPhee, 1954; Campbell, Converse, Miller & Stokes, 1960)。研究人员利用交互表和各种相关分析技术来分析这些调查数据。这些早期的经验研究极大地促进了人们对社会和社会变迁过程的理解。这些研究方法的应用最终导致了回归模型在现有社会科学经验研究文献中占主导的局面。基于这些理论方面的原因,社会科学家一直被培训使用统计模型而不是微分方程模型。专注于统计模型的训练现在已成为常规应用社会科学方法发展的历史传统。但是,考虑到许多社会和政治变迁过程实际上是连续发生的,因此,如果社会科学家更常用连续时间模型来模拟所研究的变迁的动态结构,那么,社会科学中将会涌现出很多重要的新发现,这样的假定是非常符合逻辑的。

本书的主要目的之一,是把微分方程建模介绍给更多的社会科学研究人员。而且,我也期望社会科学家能增加微分方程在社会和政治变迁建模中的应用,这种应用能开拓社会科学家新的理论思考方式,这种理论思考方式将导致一些新发现。同时值得注意的是,一套源于系统理论的理论构建图示法的存在,能协助社会科学家生成微分方程模型,从而帮助他们理解理论的高度复杂性和精密程度(Brown, 2008; Cortés, Przeworski & Sprague, 1974)。

也许很多社会科学家会问,相对于其他方法,微分方程在研究社会变迁时存在什么优势呢? 各种变迁一般都可以用微分方程和差分方程这两种模型来表示。两种模型的区别在于,微分方程以连续的方式模拟变化,而差分方程以离散的方式模拟变化。除了这一点之外,微分方程和差分方程的相似性远大于其异质性。因此,虽然微分方程和差分方程的处理机制不同,但是本书中的很多概念仍能用于差分方程的研究。虽然微分方程和差分方程都可用于除时间之外的自变量,但是由于这些方程主要用于有关时间的变化,所以本书将集中讨论这种用法。在讨论微分方程之前,值得花些时间说明,为什么社会科学家最初会想到使用微分方程。

第 1 节 ┃ 微分方程在社会科学中应用的理论依据

　　相对于微分方程模型，社会科学家更常用统计模型。但我们并不能因此断言，统计模型优于微分方程模型，反之亦然。每一种建模的方法都有其自身的优缺点。统计模型非常适合检验实证理论，尤其适合通过使用相关分析方法来确认变量之间的因果关系。因此，当我们想知道用于阅读的时间能否提高阅读理解的考试分数时，我们可以选择一个联系这两个变量的统计模型。但是，也存在这样的情形，即虽然微分方程模型可能更适用或更有意思，社会科学家却倾向于使用统计模型，这样做也是有原因的。应用很多统计模型就像"从箱子里取东西"。统计模型的应用如此便利，在一定程度上可能促使一些社会科学家避开使用，甚至不考虑更有趣的、非线性确定性的动态模型，尤其是连续时间模型。

　　使用微分方程模型最重要的原因之一是构建理论。社学科学家可以使用微分方程来构建关于社会政治现象的理论，这些理论能详细说明随着时间变化的具体过程。当然，也可能有人说，统计模型也可以用来构建社会理论，而且确实存在这种情形。但一般而言，统计模型更多地被函数形式所限制，在一定程度上与微分方程大相径庭。统计模型之所以如此，有其重要的实践原因。统计模型必须适用于许多实证情形，因此在任何实证检验之前，都需要完全以可编程的公式的形式来弄清这些模型的分析解。这种要求使得大部分统计模型使用已有的方程式，因为这些方程式的概率已知且易于驾驭，我在后面将具体说明这个问题。而微分方程模型通常不受这种要求的限制。实际上，使用微分方程时，一个模型的建构仅仅受限于研究人员在社会理论上的创造力。由于数学理论和计算科学的发展，现在，一个研究人员可以借助微分方程模型提出前所未有的、复杂巧妙的社会政治理论。

近来，越来越多的社会科学家使用微分方程来模拟社会现象，这些尝试的广度和深度可以通过一些实例来说明。在社会科学中使用微分方程模型的一些经典例子包括西蒙（Simon，1957）、科尔曼（Coleman，1964）和拉波波特（Rapoport，1983）的经典讨论。在国际关系领域，理查森（1960）将微分方程模型应用于军备竞赛的经典分析被其他学者广泛引用。普齐沃斯奇和索尔斯（Przeworski & Soares，1971）探索了很多使用微分方程来处理阶级意识和左翼分子投票之间的动态过程。图马和汉南（Tuma & Hannan，1984）从社会学视角讨论了很多使用微分方程系统研究社会动态过程的方法。戈特曼（Gottman）、默里（Murray）、斯旺森（Swanson）、泰森（Tyson）同时运用微分方程和差分方程来考察婚姻的心理动态过程。卡德拉（Kadera，2001）利用微分方程来分析州际政治竞赛，并因此获奖。布朗（Brown，1994，1995a）利用微分方程来模拟开发或保护环境的决策对环境恶化的影响。当利用美国和魏玛共和国选举的调查和合成数据时，布朗

（1986b，1988，1991，1993，1995a）也使用微分方程来重现两国选举中不同的党派斗争过程（这也被称为"边界值问题"）。

　　在通常情况下，研究人员想生成一个能连续界定时间的模型有很多理由。因为数据的收集存在间隔，所以社会科学家经常以离散时间的方式来思考问题。例如，普查数据一般每 10 年收集一次，选举数据每几年收集一次。但是，许多变迁过程在本质上是连续的，因此，存在一些情形需要社会科学家利用微分方程来模拟这类社会变迁过程。这需要社会科学家们重视一个事实，即出于便利的考虑，这个连续过程可能被分段进行测量。在这种情形下，使用微分方程来模拟一个连续变化过程，有时可能完全偏离事情发生变化的真实时点，进而影响对所调查事件的理解。

第 2 节 | 一个实例

下面将通过一个例子来介绍微分方程,这个例子展示了微分方程的强大,即便利用一个简单的微分方程,也能处理复杂的社会理论。如今,全球变暖的问题受到广泛关注。二氧化碳和其他温室气体通过人类行为排放到大气中。全球变暖潜在地改变了人类文明避免高难度挑战而持续发展的能力。实际上,如果全球变暖如很多科学家声称的那样持续下去,我们将面临很多临海城市由于海平面升高而不得不撤离人口的情形。想象一下,以后去纽约的第五大道旅游的唯一方式是通过独木舟或潜水装备。一旦华盛顿被淹没,那么美国的首都将迁到哪里呢? 如果美国的首都迁到亚特兰大(高出海平面 304.8 米),亚特兰大的居民是否像现在华盛顿的居民那样,失去了他们在国会中的投票权呢? 伴随着温度的升高和海平面的上升,全球气候会发生什么变化呢? 当气候恶化时,我们赖以生存的庄稼会怎样呢? 全球变暖的可能后果如气候变冷一样无穷无尽。这些有趣的问题即下面微分方程模型实例的研究动机。

阿纳托尔·拉波波特(Rapoport,1983:86—91)在研究污染恶化及其对人类数量和生活质量的影响时,提出了下面的模型。拉波波特也利用这个模型延伸了由杰伊·W. 福里斯特(Jay W. Forrester)(1971)发起的前沿性的同类理论研讨。我们把温室气体视为污染的一种形式，用变量 P 来表示污染的水平（这里，我使用拉波波特文中用到的数学符号）。我们感兴趣的是模拟这个变量随时间变化的过程。一种方法是，简单假设这种污染物以固定的速率排放到大气中。从这个假设得出的模型比较保守，因为污染物的排放率实际上会随着人类工业活动的日益增加而增加。但是，即使利用这个保守的假设，拉波波特的模型也发现了令人惊讶的结果。我们可以把这个固定的排放率写成温室气体水平的变化率：

$$dP/dt = I$$

其中，I 表示污染物的固定排放率。

但是，二氧化碳并不是排放到大气中就一直不发生变化，而是最终被植物吸收。因此，我们需要在我们的模型中加入一些减少温室污染水平的方法。最直接的方法是减少的速率将和污染水平成一定比例。因此，当空气中的二氧化碳比例升高时，植物也会吸收更多的二氧化碳，这是因为二氧化碳浓度的增加有助于植物的增长。用数学公式可以表示为：

$$dP/dt = I - aP$$

其中，a 是个常数，$-aP$ 表示大气中因被植物吸收而减少的二氧化碳。

这个模型存在一个均衡点，也就是说，当 $dP/dt = 0$ 或 $I = aP$ 时，污染物的增加将停止。因此，当污染水平增长时，植物的吸收率 aP 将最终等于污染物的排放率 I，总体污染的

增长将停止。但现实情况是这样吗？大气中二氧化碳水平
的增加也可能是抑制植物增长的行为造成的。例如，在二氧
化碳增加的同时，砍伐森林的工业活动也增加。这种伴随出
现的人类行为也可能导致其他形式的污染，而这同样也会引
起植被破坏。

　　由于附属效应的存在，我们可以看出，二氧化碳水平的
减少率并不和污染水平 P 成简单的比例关系。相反，我们将
假设 a 不再是常数，而是随着 P 值的增加而减少的值。我们
可以用公式来描述参数 a 降低空气中二氧化碳水平的弱化
效应 $a = a_0 e^{-kP}$，其中，a_0 是这个参数的初始值（如 $P = 0$），k
是一个常数。从中可以看出，当 P 值增加时，e^{-kP} 的值渐渐趋
近于 0。此时，拉波波特的污染模型可以写成如下形式：

$$dP/dt = I - a_0 Pe^{-kP}$$

从中可以看出，污染物的增长率 I 将导致 P 的增加，$a_0 P$ 将
渐渐减缓前述模型中的增长量。但当 P 持续增加时，e^{-kP} 将
发挥越来越重要的作用，描述由植物吸收的二氧化碳污染的
减少项（$-a_0 Pe^{-kP}$）将趋近于 0，此时只剩下增长率 I 这一项。
这将导致污染无限增加，最终引发地球灾难。这里最关键的
问题是，我们要认识到，从这个简单模型中得到的结论有大
量的现实意义。充分理解这个模型能帮助我们以新的方式
来更深入、更严肃地思考全球变暖问题。

　　就分析拉波波特污染模型而言，还有很多可以探索的问
题。然而，前面简短的讨论足以清晰地表明，微分方程能描
述非常复杂微妙的理论想法。上述的微分方程模型从理论
上丰富了我们对于全球变暖问题的复杂动态过程的理解。
我们很难想象用线性回归模型来处理同样的问题。然而，线

性回归模型能用于处理有关全球变暖的其他问题,如研究二氧化碳水平和气温升高之间的相关关系,而且这也是全球变暖问题一个非常重要的研究方面。因此,当我们使用微分方程时,我们并不是极力贬低统计模型的重要性。实际上,我所认识的所有社会科学家通常两种模型都会用。但是,使用微分方程促成理论构建的想法是使用微分方程建模的一个特点。我们也应该注意到,微分方程模型的参数估计是完全可行的,这很好地弥补了统计模型的不足。

第 3 节 | 微分方程在自然科学和物理学中的应用

虽然本书的重点是介绍微分方程在社会科学中的应用，但这种确定性模型一直是数学分析在自然科学和物理学应用中的主流，在此很值得简单介绍此类应用。在自然科学中，微分方程被广泛应用于群体生物学中，以研究生态系统中不同物种之间的互动（May，1974），例如，洛特卡（Lotka，1925）和沃尔泰拉（Volterra，1931）提出的著名的猎食者—猎物方程。从代数学角度来说，微分方程在生物学中的应用在很多方面类似于它在流行病学中的应用。流行病学基本上关注疾病的传播。传染性疾病的许多传播扩散机制能用微分方程来建模。微分方程也适用于分析疾病传播的季节性和其他周期性问题。

在物理学中，微分方程的广泛应用可以追溯到牛顿。实际上，牛顿第二定律就是一个二阶微分方程，即力等于物体的质量和加速度的乘积（$F = ma$）（因为速度是一阶导数，而加速度是速度的导数）。这类微分方程模型大部分是确定性的。

有趣的是，自然科学家和物理学家正在扩大以前主要用于社会科学的概率统计模型的使用，这是否意味着确定性模型正逐渐失去它的用武之地呢？例如，量子力学的新发现促使很多物理学家从概率统计的角度看问题，他们已经意识到，量子现象基本上是以一定的概率存在于自然中。这可以追溯到约翰·贝尔(John Bell)提出的著名定律，它有助于决定爱因斯坦(Einstein)、波多尔斯基(Podolsky)、罗森(Rosen)和尼尔斯·波尔(Neils Bohr)的争论是否真正得到最终的解决(Aczel，2001)。直到20世纪八九十年代，被称为"量子纠缠"现象的实验结果明确地证明，爱因斯坦关于量子宇宙基本上是确定性的观点是不正确的，而且没有任何潜在的局部变量能解释这种纠缠现象。因此，量子现象进一步强调了应用概率统计方法的重要性。但是，尽管使用概率模型的兴趣日益增加，物理学家依旧用确定性模型来模拟量子和其他现象，并且，他们继续使用微分方程方法，不管是概率性的还是确定性的。物理学家被引向使用更多统计模型的原因之一是，他们想在微分方程模型中纳入更多的统计测量，并不局限于使用微分方程。因此，在很大程度上，当社会科学家越来越多地使用微分方程，而自然科学家和物理学家越来越多地应用概率统计模型时，在所有科学(包括社会科学)中常用的数学方法越来越相似。

第 4 节｜确定性微分方程和概率性微分方程的比较

为什么社会科学家应该使用确定性数学？这个问题在社会科学领域内一直存在争议（Coleman，1964：526—528）。坦白地讲，大部分争论的赢家似乎都是概率数学的提倡者，通常他们无论是从数量上（概率数学的支持者居多）还是从争辩中（假定社会现象存在随机性的固有本质），都胜过确定性论者。乍一看，形势是倾向于概率论者这边，但实际上，这场争论并没有定论。这场争论的真正答案取决于细化的程度。记住，所有的数学模型（包括确定性的和概率性的）都是对事物的复杂过程的近似处理。任何模型构建的一个本质特征是通过忽略许多其他因素来获得简约性，从而分析最重要的因素。底线则变成每个模型接近复杂过程的程度，以致最终的数学模型大体近似表现了真实世界的发展过程。我的基本观点（在后面将进一步解释）是，确定性数学比概率数学的代数形式更丰富，它能弥补概率数学中的信息丢失，这种丢失是在随机模型的建立过程中，因为忽略某些更复杂的概率信息而造成的。

确定性模型比大部分随机模型更细化，能更好地模拟细微之处。随机模型也是方程，但在大部分情形中，能有效使用的随机模型必须能够有效地处理统计变异，这是因为，随机模型是建立在概率分布的基础上的。把概率分布直接纳入一个模型中大大增加了模型的复杂性，即使对模型稍作细化也会使得模型无法处理。也就是说，随机模型只有当参数的解法能被编进标准的统计软件时才可用。这样的软件一般是用来求变量之间的相关关系，然后识别因变量的各个影响因素。模型本身一般是"即插即用"的，从某种意义上来说，研究人员可以把自己的变量放入之前定义好的代数式中。但当我们使用确定性模型时，我们能进入一个变化的代数领域，这是随机模型运用者难以想象的。这种做法常常需要研究者舍弃简单模型中常用的"即插即用"估计程序。

这场争论也存在另一方面的问题。当随机模型理论上限于至少一个随机变量时，它们就无法构建于一个内在的确定性"核心"中，也就是说，一个确定性部分加上一个随机部分。由此可以看出，把模型区分为"确定性模型"和"统计模型"的主要依据是，确定性模型常常比统计模型的核心部分更微妙。例如，直线方程是确定性的，且直线方程是大部分统计模型的基础。线性方程的简化形式使得统计学家们能明确地解出方程的参数（如斜率和截距）。统计学家也能将统计假设应用到模型中。参数有明确的解，且通过将概率分布融入模型中而成功地把模型中的确定性核心部分变成一个统计模型。但是，要做到这些，研究人员必须既要找到一个能得出明确的参数解的模型，也要能找到与这个模型的不同部分有关的概率分布。研究人员没必要生成一个不能用概率数学解答其参数的复杂模型。

使用确定性模型的真正原因在于希望发现更有趣的建

模方法,以便正确解释社会现象,而至今并没有现成的统计方法能够解决这个问题。特定的概率假设可能不适用这些模型,而与这些模型相关的概率分布及其参数也可能未知。但是,这些模型中的代数部分却是它们的价值所在。确定性模型中的代数能根据研究的社会现象的本质需要来细化。实际上,任何一个统计学家都会告诉你,每一个建模的人可能犯的最大错误是,一开始就找错了模型。一个错误的模型的参数估计通常是毫无价值的。因此,如果研究人员想要让模拟能很好地解释存在细微差异的社会现象的理论,就最好使用确定性模型,因为确定性模型比统计模型能更好地抓住这些细微之处,而统计模型为了能利用现成的估计方法,一般会忽略这些细微差异。

我们把微分方程视为确定性的是由于这些模型的最基本成分中存在确切的统计对应部分。幸运的是,最近几年,确定性数学发展迅速,现在几乎可以完全估计所有的确定性模型。因此,确定性模型和统计模型在实践方面的差距正在缩小,将来会有那么一天,即当研究人员建模时,仅仅把模型称为"模型",而不再具体区分是确定性模型还是统计模型。

微分方程既适用于确定性变异,也适用于概率性变异。本书主要介绍确定性微分方程。概率性微分方程在两方面和确定性微分方程存在本质差异。首先,概率微分方程用来模拟一个事件发生的概率,因此,概率模型描述了所有事件。但是,确定性模型则能直接模拟这个事件本身(不是这个事件发生的概率),也可能预测一个事件发生的片断。除非事件数量或总体规模非常小,否则这两个模型在这点上不存在很大差异(Mesterton-Gibbons, 1989)。其次,概率微分方程比确定性微分方程提供了更丰富的描述。两种微分方程都提供平均的预测值,但只有概率模型在给出这些平均预测值的同时,也提供计算方差的公式。但也存在一个问题,即概率微分方程将给数学计算带来巨大的难度(Brown,1995b:第 1 章),即便是用最简单的模型,也会出现这样的情况。从数学方法的角度来看,概率模型的更复杂的细化很快变得难以解答。有必要强调的是,与概率模型相比,确定性模型唯一的缺点在于不能计算平均预测值的方差。此外,如果有能力估计参数值及其统计显著性,确定性模型还是能够采用很多统计测量方法的。最后,用确定性微分方程建模能让我们从数学方面进行更多复杂有趣的细化,而这是难以用概率方法做到的。因此,在使用确定性模型时,我们以失去一小部分概率分析来赢得细化模型巨大的灵活性。

第 5 节 ｜ **什么是微分方程？**

　　在基础数学中，方程一般写成一个因变量作为一个或多个自变量的函数。例如，方程 $y = mx + b$ 是一个直线方程，其中，y 是因变量，x 是自变量，m 是直线的斜率，b 是直线的截距。不过，微分方程是方程中存在导数的函数，如方程 1.1 所示：

$$dy/dt = ay \qquad\qquad [1.1]$$

在这个方程中，y 是因变量，t（时间）是自变量，a 是参数。在这种情况下，给出的方程没有定义 y 值，而是定义 y 的变化量。因此，方程 1.1 表达的是，y 的变化率依赖于 y 值本身。当 y 值增加时，它的变化率也增加（只要参数 a 是正数）。这类方程称为"常微分方程"，因为它仅仅包括普通的导数，而不包括偏导数。包括偏导数的方程称为"偏微分方程"。偏导数如 $\partial y/\partial x$ 式所示。在本书中，我们只介绍常微分方程。在一些书中，常微分方程有时缩写成"ODE"。为了解释的方便，本书中提到的微分方程都指常微分方程。

　　值得注意的是，方程 1.1 中的自变量并没有出现在方程的右边。这类微分方程被称为"自主的"。如果自变量 t 作为一个自变量出现，这个方程则被称为"非自主的"。方程 1.2

是方程 1.1 的非自主形式：

$$dy/dt = ay + \cos(t) \qquad [1.2]$$

常微分方程 1.1 也称为"一阶微分方程"。在一阶方程中，导数出现的最高阶数是一阶。在这个例子中，最高阶导数是 dy/dt。方程 1.3 是二阶微分方程，因为方程的最高阶导数是 d^2y/dt^2。在这类方程中，一阶导数可有可无：

$$d^2y/dt^2 = ay \qquad [1.3]$$

微分方程也可以根据次数来区分。有时方程中的导数升高幂次，此时幂次的大小称为"次数"。微分方程的次数指方程中最高阶导数的次数。因此，方程 1.4 是一个二次一阶微分方程：

$$(dy/dt)^2 = ay \qquad [1.4]$$

　　方程 1.4 中的表达法有点麻烦。因此，有些作者会用 y' 来表示一阶导数，y'' 来表示二阶导数，等等。因此，方程 1.4 可以简化为：

$$y'^2 = ay \qquad [1.5]$$

还有另一种方式可表示导数。此时，我们用点来表示导数的阶数，尤其是当时间 t 为自变量时。例如，方程 1.1 可以写成：

$$\dot{y} = ay$$

为了统一表达方式，本文均采用方程 1.1 和方程 1.5 中的表达方式。

　　如果方程中除参数之外的变量之间仅仅是加法关系，则称这种微分方程为"线性微分方程"。其他的均为非线性微分方程。因此，一个线性微分方程中不包括自变量或因变量的幂次或乘积项。因此,方程1.1和方程1.3是一次线性自主微分方程,而方程1.6是一次非线性自主的一阶微分方程。更确切地说,方程1.1和方程1.3的因变量 y 是线性的,而方程1.6中的 y 是非线性的:

$$dy/dt = ay^2 \qquad [1.6]$$

本书主要介绍一次线性或非线性的一阶和二阶微分方程。微分方程常用于研究两个或多个一阶常微分方程组。实际上,任何二阶微分方程都能表示为一阶常微分方程组,这会在后面的章节中加以介绍。而且,一个非自主微分方程也可以写成一阶微分方程组(这也将在后面的章节介绍)。因此,理解如何使用一阶微分方程(或方程组)是处理包括微分方程在内的许多不同情形的关键,这也是本书重点介绍一阶微分方程的原因。

研究微分方程的基础是解方程。按照惯例,求解微分方程即找到一个函数能明确解出因变量的值,而不是因变量的变化值。有很多方法可以用来求解不同种类的微分方程。了解这些方程是如何求解的意义在于,这可以帮助我们更好地理解微分方程的一般特征。例如,方程1.1是一个随时间变化的指数增长模型,即托马斯・马尔萨斯(Thomas Malthus)关注人口数量时描述的一个动态过程。为什么这个"指数增长"模型从微分方程的数学表达式角度来看不是很直接清晰? 不过,当我们在下一章求解这个问题的时候,就会变得一目了然。

本书以一阶微分方程为例,介绍用分离变量法来求解一些微分方程的方法。传统的微分方程教科书一般都会用大量

篇幅讲解如何利用各种求解方法来找到不同微分方程类型的
确切解,但这种方法越来越不受关注。目前许多(有人会说大
部分)有趣的介绍微分方程的书并不是去收集最后得到确切
解的方法。过去,为了理解事物的特性,我们需要得到微分方
程的确切解,但现在关于微分方程的研究集中在通常找不到
确切解的微分方程的特性。这主要归功于现代计算机技术的
发展。计算机通过不需要明确求解方程的数值技术来解微分
方程。本书以同样的方式根据微分方程的特性来讲解。而
且,除了两个例外之处,本书的其他部分都采用数值方法来求
解。第一处例外是讲解分离变量法,另一处是介绍一阶线性
方程组的求解。这些例外仅仅起启发作用,并不会减弱数值
方法的重要性。因为现在微分方程的数值求解法非常重要,
所以值得花更多些时间来解释它们的使用原理。

当使用微分方程来模拟社会现象时,我们不再局限于直
接能解答的线性微分方程。方程 1.1 是微分方程最简单的
形式,很容易就能求解。但是在一般情况下,大部分微分方
程问题都可能无解,尤其是非线性微分方程。非常幸运的
是,现在用计算机很容易就能解出微分方程的因变量。这样
的数值方法几乎能用于所有的微分方程。使用这些数值方
法时,仅仅需要原始的微分方程和初始条件。

这些数值方法的种类繁多,并呈稳定增长的趋势,每种方
法在计算速度和/或数值灵敏性方面存在自身独特的优势。
本书介绍了其中 3 种最重要的方法。实际上,前两种(Euler 方
法和 Heun 方法)在这里主要用来帮助启发我们理解四次
Runge-Kutta(RK4)方法。四次 Runge-Kutta 方法在大部分情况
下是首选。在下面的章节中,我们将更深入地介绍这些方法。

第 6 节 ｜ **本书的内容**

对大部分学科来说，学生选修完成一门大学课程之后，即便是在刚刚修完的时候，往往也只能记住课程内容的一部分。本书旨在让读者记住书中的知识，令选修微分方程课程的学生学会应用，并在他们以后的科研中派上用场。因此，希望读者能在以后的科学研究中记住本书所介绍的核心知识。也就是说，一门微分方程的课程及其使用的教材可能涵盖了比本书更多的信息量。

下面举个例子来说明。大部分微分方程的课程都集中讲述方程解的存在唯一性定理。也就是说，当研究一个微分方程时，数学家们想弄清楚，方程是否确实有解，这个解是不是给定的自变量值的唯一解。这点对理论比对微分方程的应用更重要，因为对于大部分合理的微分方程模型来说，证明其存在和唯一性并不是特别困难。实际上，我们很少能在发表的文章中看到作者花篇幅去证明模型解的存在唯一性。如果本书要讨论模型解的存在唯一性，我就需要删减对应用微分方程建模进行评价的其他大量信息。实际上，出于同样的原因，也有很多书为了集中讨论模型的应用而不讨论解的存在唯一性。虽然这个问题非常重要，但作者们假设学习微分方程的学生已经具备了相关的知识。

　　本书集中讨论利用数值方法解决微分方程组,这是最近学术圈的研究趋势。很多书虽然也涵盖了数值方法,但微分方程的传统求解方法主要是找到其分析解。侧重数值方法和求分析解都各有吸引人的地方。但在一般情况下,除了最简单的非线性模型外,一般很难或几乎不可能求得分析解,而数值方法既能处理线性问题,也能处理非线性问题。因此,本书只简单介绍一些微分方程的分析解的求法。

　　本书还会介绍求解一阶微分方程的分离变量法以及存在两个不同实根的二阶线性微分方程的求解方法。其他类型的二阶微分方程的求解方法也有介绍,但并不是推导得出的。许多数学家可能认为需要把这部分补充进来,否则就不完整。然而,对线性微分方程其他类型解的推导在其他参考书中会有论述,本书并不是一本涵盖微分方程各方面的教科书,因此,学生如果想更深入地学习,可参考其他相关教科书。而且,一些数学家也认为,事实上,分析解在线性微分方程模型之外,一般很少被用于处理其他问题,因此,加强适用范围更广的数值方法在建模过程的应用,将会有很多启发性优势(Kocak,1989)。实际上,布兰查德、德瓦尼和霍尔也提到,"鉴于如今科技的发展,过分强调解决微分方程的具体技巧的传统观点已经不再适用了","很多最重要的微分方程是非线性的,在这种情况下,数值和定性方法比分析技术效率更高"(Blanchard et al.,2006:vii)。

　　本书也没有介绍有关经验数据的检验问题。与线性方程模型估计相比,微分方程模型的参数估计的挑战性要大得多。这点不仅表现在处理连续时间变量的问题上,还表现为常常伴随微分方程模型出现的复杂的非线性数学。参数估计方法经常使用工程学中常用的计算机化数值技术。鉴于计算机的高速运算能力，这些模型的估计方法是完全可行的，且经常能见到。完全估计连续时间微分方程组及其方法的介绍实例可参见笔者的论著(Brown，1995a)，更多使用数值方法来评估模型的方法可以参见汉明的论著(Hamming，1971，1973)。

尽管本书有很多局限性，但本书不仅仅是一本微分方程的入门书，还包括了一些把微分方程应用于社会科学研究中不可或缺且非常有价值的材料。大体上，本书涵盖了所有（或至少大部分）把微分方程应用到社会科学中所必需的知识。因此，虽然本书不是一本涵盖微分方程各个方面的书，但是它介绍了很多处理微分方程模型的方法，这足以满足建模的需要。研究人员也可以通过阅读其他书籍来拓展这方面的知识。

第**2**章

一阶微分方程

　　微分方程的研究起源于怎么求解这些方程。为什么我们需要求解微分方程,而不使其保持原样呢? 由于这本书处理微分方程在时间方面的应用,则微分方程的解必然是时间的函数。例如,微分方程 dy/dt 的解是函数 $f(t)$,这意味着,我们可以把因变量 y 替换成 $f(t)$。我们对这个微分方程的解感兴趣是因为我们想得到一个能给出任一时点的 y 值的函数。作为科学家,我们不仅仅要研究因变量 y 的变化,也要研究 y 的值。因此,如果我们不研究 y 本身,我们也需要找到别的方法得到这个变量值。

　　有两种方法可以解微分方程:第一种是使用不定积分法的分析解,第二种是使用操作性更强的定积分法来解决问题的计算数值方法。我们从探求微分方程的分析解着手,介绍微分方程的求解问题。

第 1 节 | 线性一阶微分方程组的分析解

下面,我们从例子开始,如下面的微分方程:

$$dy/dt = -3y$$

或

$$dy/dt + 3y = 0 \qquad [2.1]$$

方程 2.1 是微分方程的一般形式,y 和 y 的导数都在方程的同侧。方程 2.1 的一个解为 $f(t) = 4e^{-3t}$。为了说明这是方程的一个解,我们需要知道 $f'(t) = dy/dt$。注意,$f'(t) = (4e^{-3t})' = -12e^{-3t}$。现在用 $f'(t)$ 替换方程 2.1 中的 dy/dt,用 $4e^{-3t}$ 替换 y,得到:

$$-12e^{-3t} + 3(4e^{-3t}) = -12e^{-3t} + 12e^{-3t} = 0$$

从这里可以看出,方程 2.1 的一个解为 $y = 4e^{-3t}$。

有趣的是,$y = 4e^{-3t}$ 并非方程 2.1 的唯一解。读者可以看出,$y = 5e^{-3t}$,$y = 6e^{-3t}$,$y = 7e^{-3t}$,甚至 $y = 1298e^{-3t}$ 都是方程 2.1 的解。如果把这些解代入方程,方程 2.1 都成立。如果我们想找出方程 2.1 的特定解,则需要一个附加条件。我们需要知道因变量 y 的起始条件(或初值)。一旦给定微分方程及其初值(一般是 $t = 0$ 时的值),确定微分方程的唯一解的问题就称为"初值问题"。

　　值得注意的是,微分方程的解与一般算术方程的解存在两个关键的不同。首先,算术方程的解是数字,而微分方程的解是方程。例如,算术方程 $3x - 6 = 0$ 的解是 2,是个数字。其次,微分方程可能存在无数个解,其特定解依赖于微分方程的初值。

第 2 节 | 分离变量法求解一阶微分方程

如果一个微分方程是"分离的",则求解这个方程的分析解的方法称为"分离变量法"。当一个微分方程可以表示为两个方程的积(或商),每个仅依赖于一个变量,则称这个微分方程是"可分离的"。例如,方程 2.2 是可分离的,因为 $g(t)$ 仅依赖于自变量 t,而 $h(y)$ 仅依赖于因变量 y。之后我们会看到,即使方程中没有出现 $g(t)$ 或 $h(y)$,也没问题。

$$dy/dt = g(t)/h(y) \qquad [2.2]$$

要求方程 2.2 的解,可以先把方程 2.2 变换成 $h(y)dy = g(t)dt$,然后对两边积分,得到方程 2.3:

$$\int h(y)dy = \int g(t)dt \qquad [2.3]$$

刚开始我们可能难以理解,为什么仅仅通过变换方程 2.2 就能对方程 2.3 积分。假设函数 G 和 H 分别是函数 g 和 h 的不定积分,也就是说,g 是 G 的导数,h 是 H 的导数。利用微分的链式法则,我们可以把 $H(y) - G(t)$ 对 t 的导数写成:

$$H'(y)dy/dt - G'(t) = h(y)dy/dt - g(t)$$

但是,从方程 2.2 的变换中得到 $h(y)dy/dt - g(t) = 0$,这意味着 $H(y) - G(t)$ 对 t 的导数也为 0。然而,只有常数的导数才等于 0。这就意味着,$H(y) - G(t)$ 等于一个常数,我们用 C 来表示。由于 $H(y) - G(t) = C$,我们可以把它变换为 $H(y) = G(t) + C$。这个方程等同于下面的方程:

$$\int h(y)dy = \int g(t)dt + C$$

以上步骤证明了为什么可以用分离变量法来求解微分方程。

分离变量法最好通过实例来介绍,下面通过介绍 4 种常见微分方程的求解方法来举例说明。这 4 种微分方程是许多常用的高级微分方程的基本组成部分,建议读者深入研究它们。实际上,詹姆斯·科尔曼(Coleman,1964:41—46)称这几个经典的微分方程形式为广泛应用在扩散模型中的"理想类型"。

指数增长型

这 4 种微分方程中的第一种其实在前面的例子中出现过,即指数增长型,形如 $dy/dt = ay$,如第 1 章的方程 1.1。在这个自主方程式中,变量 t 没有出现在方程的右侧。方程 2.2 也可称为指数增长型,因为 $t^0 = 1$,因此,在方程 2.2 中,$g(t) = 1$。

方程 1.1 有明确的解,可以使用传统的积分方法来求,如下所示。通过把方程 1.1 的变量分离,得到:

$$(1/y)dy = adt$$

这就是一个简单的积分问题:

$$\int (1/y)dy = \int adt$$

得到这个问题的最终解的中间步骤是:

$$\ln|y| = at + C$$

其中,C 是积分得到的常数。

$$e^{\ln|y|} = e^{(at+C)} = e^{at}e^{C}$$

$$y = \pm\, e^{C}e^{at}$$

当 $t = 0$,我们可以得到 $y_0 = \pm e^C$,y_0 是因变量的初始条件。因此,方程 1.1 的解可以表示成方程 2.4。这个解称为这个微分方程的"通解":

$$y = y_0 e^{at} \qquad\qquad [2.4]$$

一般情况下,当我们给出一个因变量的微分方程时,也会给出它的初始条件。如前所述,因变量的微分方程和其初值一并称为"初值问题"。一旦得到如方程 2.4 这样的解和 y 的初值,则可以得到这个微分方程的"特定解"。这个特定解将给出一个方程,能得到因变量在任何时点的值。

如微分方程 $dy/dt = 3y$,且当 $t = 0$ 时,y 的值为 0.1。由于我们给出了一个微分方程及其初始条件,因此这是个初值问题。首先需要得到微分方程的通解,即,

$$y = y_0 e^{3t} \qquad\qquad [2.5]$$

由于当 $t = 0$ 时,$y = 0.1$,所以我们可以把这些值代入方程 2.5 获得中间步骤 $0.1 = y_0 e^0$,即 $0.1 = y_0$。因此,微分方程的特定解是 $y = 0.1e^{3t}$。从这个特定解可以很容易看出方程 1.1 给出的微分方程用于模拟指数增长的原因,即当时间从

0 增加到无限大时,y 值成指数增加,如图 2.1($a = 3$)所示。这类图称为一个"时间序列",因为因变量的值和时间分别呈现在 y 轴和 x 轴。一般把时间设为 x 轴,但这并不是硬性要求。如时间序列图中所示,因变量的值可以通过把自变量 t 的值代入微分方程的特定解得到。

从图 2.1 可以看出,变量 y 的增长率(dy/dt)随时间的增加而增长(变量 y 的值也增长),这就意味着,y 的二阶导数是正的。如果没有受到干预,这个微分方程存在潜在的爆炸特性,这也是托马斯·马尔萨斯对人口增长如此关注的原因。增长率与因变量大小成比例的情形称为经历"正反馈"(Crosby,1987),这是因为因变量的增加反馈到系统里,从而引起这个变量附加的增长,导致之前的增长率增加。

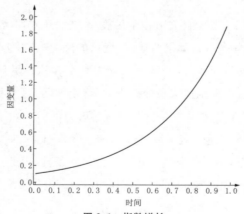

图 2.1 指数增长

指数衰减

指数衰减和指数增长相类似,仅有的区别在于,方程 1.1

中的参数 a 是负值。这类动态过程非常适宜模拟物质的衰变率与其质量成比例的现象。这种动态过程的经典例子之一是放射性物质的半衰期,而许多社会现象也呈现出这种衰减特性。实际上,研究社会系统的理论家们(Brown,2008;Cortés el al.,1974)都知道,"社会记忆"的概念与半衰期很相似。一般情况下,任何系统本质上都是动态变化的,它们根据不同的投入得到不同的产出。当对一个系统投入时,我们自然会问,这个投入对系统的影响会持续多久,从而想得到这个系统的半衰期。一般而言,大部分发生的事件对相关的社会系统的影响最终都会消失。例如,突然爆发的暴乱都会慢慢消失,丑闻开始会引起广大媒体的关注,但最终也会从公众的意识中慢慢消去,许多疾病(如流感)能感染很多群体,但也最终会消逝。更具体的例子如,普齐沃斯奇(Przeworski,1975)关于人们对选举不稳定的系统记忆研究、笔者(Brown,1997:第 7 章)对国会流动圈的系统记忆研究。注意到系统记忆同时适用于微分方程和差分方程是非常有用的。

指数衰减的时间序列图如图 2.2 所示。在这个图中,方程 1.1 中的参数 a 的值为 -3。这个图的初值为 $y_0 = 1.8$,其半衰期是初值的一半消失时的时间,即当 $y = 0.9$ 时的时间。

学习曲线和非交互性扩散

当执行一项新任务的时候,一般开始的时候,工作效率可能比较低。例如,可能会遇到需要别人指导的无法预期的情形。但是,当任务继续进行时,工作人员将变得更熟练。

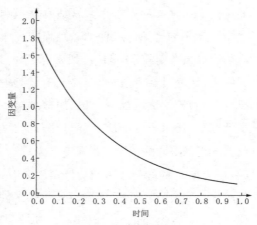

图 2.2　指数衰减

首先，这个工作人员从培训中获益，但当工作人员越来越熟悉工作参数时，附加的培训产生的收益也越来越少。因此，这个工作人员将达到完成这个任务的效率的顶峰。模拟这个过程所得到的模型常常称为"学习曲线"，因为心理学家使用模拟这个动态过程的函数来描述经验或培训与工作效率之间的关系。一个人的工作经验或受到的培训越多，那么，这个人的工作效率也越高。效率随着时间的增加将趋近于一个上限。

　　请考虑另一个具有相似动态过程的例子。当新闻开始报道一个事件时，许多人会知道这件事，因为最初没有人知道。但随着时间的推移，初次得知这个新闻的人越来越少，因为越来越少的人不知道这件事。因此，这个新闻传播的速度和不知道它的人数呈比例。这也是一个学习过程，在这个过程中，学习是根据总体中有多少人获知这个新闻传播的信息来测量的。最终，如果媒体继续播放一则新闻，则越来越少的人不知道这则新闻。我们可以说，不知道这则新闻的人数随着时间的变化趋近于一个上限，这则新闻的持续传播将对初次获悉这则新闻的人数呈递减的效应。

　　这类过程通常用方程 2.6 这样的微分方程来模拟。有时，不存在相互作用成分的扩散模型也可用这个方式来模拟（Coleman，1964:43）。在学习模型中，因变量 y 表示具有某种特征的人群的数量，例如获悉某则新闻的人数；增长过程的上限可以用 U 表示；$U-y$ 表示不具有这种特征的人数；最后，参数 a 表示没有这种特征的人变成具有这种特征的人的速率：

$$dy/dt = a(U-y) \qquad [2.6]$$

方程 2.6 通过分离变量法可以写成：

$$[1/(U-y)]dy = adt$$

对方程 2.6 两边同时积分，

$$\int[1/(U-y)]dy = \int adt$$

得到：

$$-\ln|U-y| = at + C$$

其中，C 是积分得到的常数。

　　注意，由于 y 不可能超过它的上限，因此 $U-y$ 永远是正值。这并不是一个算术结果，而是我们实际问题的特定结果。因此，我们可以删除这个绝对值符号，方程变成：

$$-\ln(U-y) = at + C$$

或

$$\ln(U-y) = -at - C$$

进而得到：

$$U - y = e^{-at}e^{-C}$$

对上式再做变换，可以得到：

$$y = U - e^{-C}e^{-at}$$

由于 e^{-C} 是常数，所以我们可以把上式写成模型的通解形式，如方程 2.7 所示：

$$y = U - Be^{-at} \qquad\qquad [2.7]$$

方程 2.7 是学习曲线的函数形式。注意，当 $t = 0$ 时，$y_0 = U - B$。随着时间的推移（如 t 变得越来越大），Be^{-at} 将逐渐趋近于 0，同时，y 也趋近于 U。

这个过程的时间序列图如图 2.3 所示。在该图中，$a = 3$，$U = 1.6$，$y_0 = 0.1$。注意看因变量 y 的值如何随着时间推移趋近于 U 值。我们可以说，y 随时间渐渐趋近于其上限 U，即随着 y 趋近于其上限值 U，y 与 U 之间的距离越来

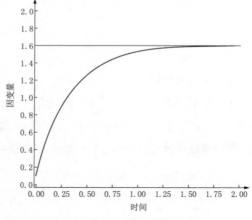

图 2.3　学习曲线

越小,但 y 永远不能达到其上限 U。这个上限也称为 y 的
"均衡值",因为它是 y 停止变化时候的值。也就是说,当 $y=$
U 时, $dy/dt = 0$,这也可以从方程 2.6 中看出。

从图 2.3 可以看出,变量 y 的增长率 dy/dt 随着时间(或
y 值)的增加而减少,这就意味着,y 的二阶导数是负值。这
种情形称为经历"负反馈"(Crosby,1987),即因变量的增加
导致其增加的速率减少。因变量仍在增加(由于 dy/dt 是正
值),但其增加的速度减缓。

logistic 曲线

logistic 曲线是社会科学中最常用的模型之一。它融合
了学习曲线中趋近于极值的指数增长和衰减两种特征。
logistic过程一开始呈现正反馈系统的快速增长特征,之后呈
现负反馈系统的减速增长特征。

logistic 模型的形式种类较多,最常见的如方程 2.8 所示:

$$dy/dt = ay(U-y) \qquad [2.8]$$

在方程 2.8 中,U 与在学习曲线(图 2.3)中一样是 y 的上限。
当 y 值相对 U 较小时,$U-y$ 较大,此时呈指数增长,正反馈
占主导。但当 y 值趋近于 U 时,$U-y$ 趋近于 0,此时负反馈
占主导。

可以用 logistic 模型来描述的社会过程常常包括有某种特
征的人群和没有这种特征的人群之间的相互作用。例如,普
齐沃斯奇和索尔斯(Przeworski & Soares,1971)利用 logistic
方程来描述支持和不支持左翼党派的两个人群之间的相互作

用;模拟传染病的科学家也常用 logistic 模型来描述疾病的
传染过程及染病人群和未染病人群之间的相互影响。这种
logistic 过程也可以在其他情形中出现。例如,笔者(Brown,
1995a;第 6 章,1994)曾使用 logistic 模型来描述导致环境破
坏的过程。

方程 2.8 是可分离的,将其积分得到:

$$\int \frac{1}{y(U-y)} dy = \int a \, dt \qquad [2.9]$$

要求解方程 2.9,可以先把被积函数变换成如下形式:

$$\frac{1}{y(U-y)} = \frac{1}{U} \left[\frac{U}{y(U-y)} \right] = \frac{1}{U} \left[\frac{U-y+y}{y(U-y)} \right]$$

$$= \frac{1}{U} \left[\frac{U-y}{y(U-y)} + \frac{y}{y(U-y)} \right]$$

$$= \frac{1}{U} \left[\frac{1}{y} + \frac{1}{(U-y)} \right]$$

因此,方程 2.9 可以写成:

$$\int \frac{1}{U} \left[\frac{1}{y} + \frac{1}{(U-y)} \right] dy = \frac{1}{U} \int \frac{1}{y} dy + \frac{1}{U} \int \frac{1}{(U-y)} dy = \int a \, dt$$

两边积分得到:

$$\frac{1}{U} \ln|y| - \frac{1}{U} \ln|U-y| = at + C$$

将方程进行变换得到:

$$\frac{1}{U} \ln \left| \frac{y}{U-y} \right| = \frac{1}{U} \ln \frac{y}{U-y} = at + C \qquad [2.10]$$

由于 $U > y$ 且 y 是正值,方程 2.10 中的绝对值符号可以去
掉。令方程 2.10 的两边同时乘以 U,并求 e 的幂,得到:

$$\frac{y}{U-y} = e^{Uat+UC} = e^{UC}e^{Uat} = Me^{Uat}$$

其中，$M = e^{UC}$ 是常数。

求解因变量 y，得到：

$$y = \frac{MUe^{Uat}}{1+MUe^{Uat}} = \frac{U}{(1/M)e^{-Uat}+1} \qquad [2.11]$$

由于 $1/M$ 是常数，令 $K = 1/M$，那么方程 2.11 可以写成：

$$y = \frac{U}{1+Ke^{-Uat}} \qquad [2.12]$$

方程 2.12 是 logistic 模型通解的最终形式。

从上文可以看出，得到 logistic 曲线的通解比得到指数增长模型或学习曲线模型的通解更难。这就是微分方程的特点，当模型变得更复杂时，求得模型的分析解将更困难，而且可能不能求解。基于这个原因，我们经常使用数值方法来求解微分方程模型。

logistic 模型（方程 2.8）的时间序列图如图 2.4 所示。这个图可以通过方程 2.12 或数值方法来计算变量的值。图 2.4 的参数和图 2.3 相同：$a = 3$，$U = 1.6$，$y_0 = 0.1$。

比较图 2.3 和图 2.4 可以发现，logistic 模型在增长的初始阶段与指数增长模型很类似。学习曲线和 logistic 曲线都随时间的推移趋近于上限 U，这是两个模型的均衡点，但 logistic 模型具有更复杂的动态结构。在 logistic 模型的时间序列图起始阶段，正反馈占主导，此时模型的二阶导数是正值，这意味着模型的一阶导数（如方程 2.8 的模型）随时间（或 y 值）的增加而增长。但其二阶导数很快变成负值，此时负反馈占主导,一阶导数随时间增加而减少。y 值越趋近于其上限值 U,其一阶导数就越趋近于 0。图 2.4 中,曲线的二阶导数为 0 的点称为"折点",这个点把模型的正反馈和负反馈区分开来。

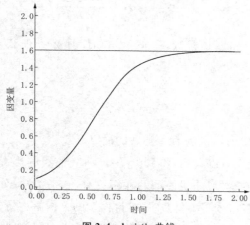

图 2.4   logistic 曲线

第 3 节 | 社会学实例

科尔曼、卡茨和门泽尔（Coleman，Katz & Menzel，1957）研究通过医生开处方把一种新药引进社区的例子，是解释一阶微分方程特征的非常好的实例（Coleman，1964：43—46）。他们的研究兴趣主要在于，医生怎么把新药介绍给他们的病人。这个模型的关键变量是医生是否融入了医生群体，通过在社区的抽样调查中，某医生被其他医生视为朋友或同事的计数来测量。在这个变量上取得较高分的医生被视为"融入"，而取得较低分的医生被视为"孤立"。非常关键的是，融入的医生比孤立的医生平均早 4 个月把这种药物介绍给病人。

有两种假设可以解释这种现象。第一种假设是融入的医生的专业竞争力更强，即他们更了解医学的最新进展。因此，导致他们融入的因素（专业竞争力和同行的尊敬）和他们采用新药的因素相同。由于他们更融入，医生更可能了解新药。第二种假设是他们经常和同行交流，因此能更快从同行那里了解到新药的使用。而孤立的医生只有当药品销售员推销上门时，才可能知道新药。

为了检验这两种假设，我们采用了两种模型：第一个是 logistic 模型，如方程 2.8 的形式；第二种是学习模型（没有交互扩散作用），如方程 2.6 的形式。当这些模型用来比较医生开始开新药预计花费的时间的数据时,logistic 模型更好地描述了融入医生的行为,而学习模型更好地描述了孤立医生的行为。基于这个原因,我们拒绝第一个假设,接受第二个假设。融入医生比孤立医生更快使用新药并不是因为融入医生的专业竞争力更强,而是他们更经常和同行交流,因此通过信息交流的渗透过程获得新药的信息。在分析这个例子中的融入医生时,获得信息和没有获得信息的交互作用是 logistic 模型优于学习模型的主要之处。学习曲线之所以比 logistic 模型更好地模拟了孤立医生,是由于同行之间的交互作用并不影响这些医生引进新药的时间。

第 4 节 | 求解微分方程的数值方法

　　求解微分方程的数值方法存在了很长一段时间,但其广泛应用主要归功于计算机的应用。近些年,新数值方法的发展也取得了很大进展,很多方法比老的数值方法更有效。Runge-Kutta 方法一直以来都是求微分方程数值解的主要方法。虽然这种方法很老,但仍很实用,并可以作为任何有兴趣用数值方法求解微分方程的读者的学习起点。

　　本部分将介绍 3 种 Runge-Kutta 方法:(1)Euler 法;(2)Heun法;(3)四次 Runge-Kutta 法。Euler 法实际上是一次 Runge-Kutta 法,Heun 法是二次 Runge-Kutta 法。Euler 法和 Heun 法实际上很少用,因为四次 Runge-Kutta 法更精确,且更容易应用。但了解 Euler 法和 Heun 法有助于解释 Runge-Kutta 法的工作原理,这里的介绍主要起启发作用。

　　许多社会科学家可能发现,四次 Runge-Kutta 法几乎是求解所有微分方程的完美方法。从这种意义上讲,这些科学家可能不需要使用近来新的数值方法来求解微分方程。但是,一些科学家可能仍然发现最新的方法更有趣,或更能满足他们的需要。我们首先用胡塞因·科洽克(Hüseyin Koçak)编写的计算机程序"Phaser"(www. phaser. com)来介绍这些方法。从实际的角度来讲,除了理解怎么用四次

Runge-Kutta 法解决微分方程外,许多科学家不需要再进一步了解其他方法(在介绍微分方程的许多处理方法时,都会讨论 Runge-Kutta 法的重要性,具体可参见 Blanchard et al. , 2006;Boyce & DiPrima,1977:第 8 章;Koçak,1989)。

Euler 法

当使用数值积分 Runge-Kutta 法时,要得到因变量的值,不需要得到微分方程的分析解。当微分方程组中变量之间相互交互时,Runge-Kutta 法也能很容易地求解。Euler 法是所有 Runge-Kutta 法中最简单的一种,很容易解释。

直观地讲,基本的理念是微分方程(如方程 1.1、方程2.6或方程 2.8)自身是因变量随时间的导数。作为导数,一旦我们提供方程右侧的参数值,就知道因变量的值是增加还是减少。Euler 法是当导数为正值时,通过微增因变量的值来找到因变量的下一个值。当导数为负值时,因变量的值是下降的,因此 Euler 法是通过微减因变量的值来得到因变量的下一个值。可以看出,其原理比较简单:当导数为正值时,增加 y;当导数为负值时,减少 y。

具体计算的机制也没有比原理难多少。我们需要找到一种方法来从点 (t, y) 到点 (t_{next}, y_{next})。首先,我们需要找到一种方法在时间轴上从 t 到 t_{next}。为了达到这个目的,我们使用一个微增量沿着时间轴"爬行"。Euler 法中普遍使用的微增量是 0.01。如果微增量更小,则得到的精度将更高。后面我们将看到,其他的 Runge-Kutta 法使用的微增量更大。Euler 法使用的微增量比其他的小的原因主要在于,Euler 法的精确度更低，因此每次移动的量也更小。这个微增量也称为"步长"，我们可以把它想象成当我们沿着时间轴移动时，每次移动的距离。因此，从时点 0 到时点 1，如果每次只移动 0.01，则需要移动 100 步。这可以用公式 $t_{next} = t + \Delta t$ 来表示，其中，Δt 表示步长。

现在我们开始计算。沿着时间轴的每一步的移动，我们需要计算因变量 y 的值。我们根据给定的因变量的现值计算因变量的下一个值。首先从 y 的初始值开始，我们将根据 y 的导数的符号（如 y 是增加还是减少）来获得 y 的下一个值。从这个值出发，沿着时间轴再往下走一步，获得 y 的另一个值，这样一直往下走。我们一直重复这个过程，直到时间序列满足我们的要求。这明显需要通过包括"循环"路径的计算机程序来计算。"循环"是一种可以一遍又一遍重复同一过程的方法。每一次循环可以得到 y 的一个新值，保存为下一步使用，然后再重复一次循环，又可以得到一个 y 值，再一遍又一遍地重复。

Euler 方法的公式如方程 2.13 所示：

$$y_{next} = y + h(dy/dt) \qquad [2.13]$$

方程 2.13 包含在计算因变量 y 值的程序的循环路径中。在方程 2.13 中，右侧的 y 值是上次循环获得的 y 值；y_{next} 是本次循环中 y 的新值，它将在下次循环中作为现值；参数 h 是步长。这里，我们用步长乘以导数（这是原始模型，如方程 1.1 所示），并加上 y 的现值来得到 y 的新值。当我们计算得到 y 的新值时，需要记住保存 y 的现值和新值，然后把 y 的新值设为 y 的现值，以便循环能够实现。我们也需要保存时间

的现值,这是时间的上一个值加上一个步长 *h*。编写这种计算的编码(用 SAS 编写,也可以用其他程序来写)如下所示:

```
DATA;
A = 0.3; * 参数值;
H = 0.01; * 步长;
Y = 0.01; * 因变量 Y 的初始条件;
TIME = 0; * 时间的初值;
DO LOOP = 1 TO 2000; * 循环的开始;
DERIV = A * Y; * 微分方程模型;
YNEXT = Y + (H * DERIV); * Euler 法;
TIME = TIME + H; * 微增时间;
OUTPUT; * 输出循环数据以便能画图;
Y = YNEXT; * 把通过 Euler 法计算得到的新 Y 值设为 Y 值;
END; * 这个循环结束;
SYMBOL1 COLOR = BLACK V = NONE F = CENTB I = JOIN;
RPOC GPLOT;
PLOT YNEXT * TIME;
TITLE "运用 Euler 方法的时间序列";
RUN;
QUIT;
```

基于直线的斜率是在任何一个时点的模型曲线的切线,Euler 法有一种几何解释。模型本身是一个导数,导数的值即切线的斜率。从直线斜率的定义来讲,我们可以说:

$$\frac{y_{next} - y}{t_{next} - t} = \frac{y_{next} - y}{\Delta t} = f(t, y) \qquad [2.14]$$

方程中的 $f(t, y)$ 是微分方程模型。如果我们变换一下方程 2.14,可以得到:

$$y_{next} = y + f(t, y)\Delta t$$

这就是方程 2.13 给出的 Euler 法公式。一些读者可能会注意到，Euler 法也等同于对原始微分方程模型的一阶二项式泰勒近似（Blanchard et al.，2006：641；Atkinson，1985：310—323）。

到目前为止，我们应该很清楚为什么 Euler 法得出的结果不精确。因为随着时间向前移动每一步，Euler 法都是沿着模型曲线在某点上的切线，而不是沿着模型的曲线前行。步长越大，Euler 法偏离真实曲线的潜在风险越大（这主要取决于曲线的弯曲程度）。上一步产生的偏误将累计到这一步，这样，问题会一直累积。减少步长能减少这个问题，但最好的解决方法是采用很好的函数来拟合。四次 Runge-Kutta 法是在 Euler 法的基础上形成的，它能得出更精确的结果。

Heun 法

Heun 法有时也称为"改进的 Euler 法"，是二次 Runge-Kutta 法。一些研究人员也许会问：在实际应用中一般使用 Runge-Kutta 法，为什么还要费周折来介绍 Heun 法呢？ 在这里介绍 Heun 法主要是因为，通过解释二次方法将更有利于介绍更高阶的 Runge-Kutta 法的工作原理。我们并不会深入介绍很多细节问题，但值得注意的是，Runge-Kutta 法的次数与其误差的特征有关（Blancard et al.，2006：646—647；Zill，2005：373—374），甚至一个二次 Runge-Kutta 法的精度相对于 Euler 法来说有很大改进。

Heun 法的基本概念非常简单。在使用 Euler 法时，我们利用微分方程得出因变量的值在曲线的特定点上是增加还是减少。因变量的增加量或减少量取决于 y 的导数值，即微分方程本身。Heun 法将给出一个更好地计算因变量的增加量和减少量的方法。它先计算 y 的两个导数，然后求这两个导数的平均值，再用这个平均值乘以步长（和 Euler 法的做法一样）得到 y 的新值。由于 Heun 法比 Euler 法更精确，所以可以使用更大的步长，从而增加计算的速度。

更确切地说，Heun 法一开始是应用 Euler 法来计算。也就是说，我们使用 Euler 法根据 y 的现值来得到 y 的新值。这意味着，我们把 Euler 法应用到点 $(t_0，y_0)$。然后，我们需要使用 Euler 法使用的导数值，因此需要把它保存，记为 m。现在我们有点 $(t_0，y_0)$ 和 $(t_{next}，y_{next})$，第二个点是应用 Euler 法得到的。这次，我们再使用 Euler 法，但这次是应用到点 $(t_{next}，y_{next})$。此时，我们也需要使用这一步得到的导数值，保存并记为 n。最后，我们回到原点 $(t_0，y_0)$，再次使用 Euler 法，但这次，我们使用 m 和 n 的平均值作为导数值。因此，我们通过下式得到 y 的新值：

$$y_{next} = y + h\left(\frac{m+n}{2}\right) \qquad [2.15]$$

其中，h 是步长，$[(m+n)/2]$ 是从两个不同的 y 计算得到的两个导数的平均值，第二个 y 值是根据原始的 y 值使用Euler 法得到的。

Heun 法的几何学原理与应用梯形法则来近似估计曲线下面的面积类似，感兴趣的读者可以在布兰查德等人（Blanchard et al.，2006：642—644）的文献中找到相关的处理方法。Heun 法的另一种几何学解释是，开始时用 Euler 法计算

得到的一阶导数 m 产生的误差,可以由第二次应用 Euler 法得到的导数 n 弥补。这些导数(m 和 n)的均值用于方程 2.15 时,将得到一个更好的 y 值。读者可以在齐尔(Zill,2005:370—371)的论述中找到关于这个问题的更详细的讨论。从这个推理中可以看出,方程 2.15 中的导数 n 是用来纠正使用导数 m 带来的误差。这也是有时称 Heun 法为"预测修正法"的原因。一些读者也注意到,Heun 法类似于原始微分方程模型的二次泰勒展式的应用(Zill,2005:374)。

四次 Runge-Kutta 模型

四次 Runge-Kutta 法是求解一阶微分方程的精确方法,而且是大部分时候的主要使用方法。当 Heun 法通过使用两个斜率的均值来得到因变量的值时,四次 Runge-Kutta 法使用 4 个斜率的加权平均值来得到因变量的值。这个方法常简写成"RK4"。

RK4 法的机制非常简单,但比 Heun 法的计算处理更麻烦。RK4 法最常用的公式如下:

$$y_{\text{next}} = y + (h/6)(k_1 + 2k_2 + 2k_3 + k_4)$$

其中,

$$k_1 = f(t, y)$$

$$k_2 = f[t + h/2, y + (h/2)k_1]$$

$$k_3 = f[t + h/2, y + (h/2)k_2]$$

$$k_4 = f[t + h, y + hk_3]$$

请注意,k_2 和 k_3 的值在离原始起点(t_0, y_0)半步长处计算得到，k_1 值在起点处计算得到，k_4 值在离起点一步长处计算得到。RK4 法的几何学解释可以参考布兰查德等人（Blanchard，Devaney & Hall，2006：650—651）的研究。简言之，从上面的方程可以看出，y_{next} 值是使用类似于 Euler 法的方法计算得到的，两者的差别在于并不用一个导数，而是用 4 个导数，且中间两个导数的权重加倍（总权数为 6，这就是为什么我们除以 6 得到均值）。我们除了使用 4 个导数的加权平均数，还把这个均值乘以步长 h，然后把这个乘积和 y 的原始值相加得到 y 的新值。读者应该注意到，在一些课本中，RK4 法的公式使用符号 rk_1、rk_2、rk_3 和 rk_4，而不是使用 k_1 到 k_4。

第 5 节 ｜ **本章小结**

　　本章主要介绍了一阶微分方程。首先介绍了求解线性一阶微分方程分析解的方法，其重点放在分离变量法的介绍。当微分方程可以通过分离变量法求解时，这是一个非常简单直接的获得方程的方法，通过这个方程可以得到 x 和 y 的值，从而可以用于画图或分析。当分离变量法不适用时，我们可以使用积分的数值方法。在所有的一阶微分方程中，我们介绍了 4 种"理想类型"：(1)指数增长；(2)指数衰减；(3)学习曲线和非交互扩散；(4)logistic 曲线。我们列举了一个经典的社会学例子来比较前面的第三类和第四类微分方程。本章接下来介绍了 3 种求解微分方程的数值方法。Euler 和 Heun 法用来帮助介绍最常用的四次 Runge-Kutta 法。还存在许多其他的数值方法，但四次 Runge-Kutta 法作为一个好的应用起点，适用于很多场合。数值方法特别常用，因为它们几乎适用于任何真实世界的情形，不管是线性情形还是非线性情形。不定积分的分析法一般不适用于大部分非线性模型。当遇到非常复杂（不正常）的情形时，即当微分方程既不能通过分析法，也不能通过数值方法求解时，我们必须认真研究这个方程的数学形式。

第 **3** 章

一阶微分方程组

　　简单微分方程只有一个因变量。但在这个世界上,很少有事情能孤立地研究。A 影响 B, B 影响 A(或 C)等也很正常。基于这个原因,我们研究方程组。在微分方程的应用中,方程组是最重要的领域之一。本章主要研究一阶微分方程组。这是微分方程组的一个重要类型,因为高阶非自治微分方程可以表示成一阶微分方程组。实际上,一阶微分方程组可以用于数值分析高阶微分方程组,如用四次 Runge-Kutta法。因此,一阶微分方程对研究一般微分方程的应用非常有用。

　　有两种一阶微分方程组:线性和非线性。我们能用定性分析数值法来分析线性方程组。分析法包括找到微分方程组的确切解,这类似于我们使用分离变量法求解一些简单的微分方程。然而,非线性方程常用定性数值法来分析,因为大部分非线性方程组很难得到确切的通解。分析法也同样适用于线性方程,因为这些方法能帮助我们了解这些系统的行为类型,这些行为可能变化较大。需要注意的是,非线性系统的行为模式和线性系统非常类似,因此,了解线性系统的行为特征能帮助我们了解非线性系统。

　　因为定性分析方法既适用于线性方程,也适用于非线性方程,所以这些方法被广泛用于研究所有的微分方程组。而且,在社会科学中,构建社会科学动态模型时,经常要设定非线性成分。例如,当一个人群和另一个人群相互影响时(如工作的人和没有工作的人接触),则在模型设定时需要加上非线性部分(Przeworski & Soares,1971；Przeworski & Sprague,1986)。本章的焦点是用于研究一阶微分方程组的定性数值方法。

第 1 节 │ 猎食模型

　　洛特卡和沃尔泰拉的猎食模型是介绍一阶微分方程组基本概念的最合适的方程组(Hirsch & Smale，1974:258—265；Koçak，1989:121—122；May，1974)。虽然模型是有关群体生物学的,但模型中的线性和非线性部分广泛应用在许多社会科学领域,建议读者仔细研究这个模型。关于这个模型的介绍,我将保持群体生物学的解释,虽然我在后面会把这个模型的讨论扩展到人类社会实例中。

　　猎食模型的基本概念是存在两个存在猎食关系的群体。举一个现实的例子,当有食物时,兔子生小兔子,兔子数量增加。当兔子数量增加时,狐狸会有更多食物吃,这又导致狐狸数量增加。最后,狐狸数量增加太多以至于兔子数量开始减少,而狐狸由于食物(兔子)减少而饿死。当狐狸数量减少时,兔子数量的增加就不受什么限制了,因此兔子数量又开始增加,从而狐狸数量开始增加,就这样一直循环下去。

　　这是一个封闭系统的例子,从某种意义上讲,影响这个系统的所有因素都在这个系统内。没有外在因素会影响狐狸和兔子的数量。一些理论学家也称这个系统为"孤立系统"。在物理学中,"封闭系统"和"孤立系统"这两个术语是存在差异的。例如,封闭系统可以和外界交换热和功,但孤立系统不能。两种系统都不能和外界进行物质交换。在这里,这种差异并不会影响我们的结果,这两个概念可以交换使用。开放系统是指,外在因素能影响变量的动态过程,在这个例子中,数量可能由于这些因素增加或减少。

我们把兔子数量记为 X,狐狸数量记为 Y,则这种猎食关系可以通过方程 3.1 和方程 3.2 来表示:

$$dX/dt = aX - bXY - mX^2 \qquad [3.1]$$

$$dY/dt = cXY - eY - nY^2 \qquad [3.2]$$

其中,a、b、c、e、n、m 是常数。这两个方程组成了两个非线性一阶微分方程组的相互依存的系统。这个方程组是非线性的,因为两个方程中都存在交互项和二次项(如 XY、X^2 和 Y^2)。这两个方程又是互为条件的,因为变量 X 和 Y 同时出现在两个方程中,也就意味着 dY/dt 同时依赖于 X 和 Y,dX/dt 也一样。洛特卡(Lotka, 1925)和沃尔泰拉(Volterra, 1930, 1931)的经典猎食模型有许多一般形式,下面将介绍方程参数 m 和 n 为 0 的方程形式。

在上面的方程中,X 和 Y 都随时间发生变化。在经典的猎食模型中,兔子数量呈指数增长(aX),直到它们被狐狸吃掉($-bXY$)或数量增加到食物能支持的极限($-mX^2$)。只有当有兔子吃的时候,狐狸数量才能增长(cXY)。狐狸数量的减少是由于自然因素($-eY$)或由于增长过度而没有足够的兔子可以吃($-nY^2$)。

猎食模型和方程 2.8 描述的 logistic 模型的设定之间的共性值得我们注意。当没有狐狸时,方程 3.1 可以写成:

$$dX/dt = X(a - mX) \qquad [3.3]$$

方程 3.3 和方程 2.8 之间的联系可以从下面的数学推导中看出来:

$$dX/dt = aX[1-(m/a)X]$$

$$dX/dt = a(m/a)X[a/m-X]$$

$$dX/dt = mX[U-X]$$

其中,$U=a/m$。然而,饱和的猎食模型通过添加乘积项 XY 来说明两个物种之间的交互作用,这就是该模型与简单 logistic 模型的主要区别。

同时需要注意的是,方程 3.3 有一个 logistic 上限 a/m。这是通过把方程 3.3 设为 0(当 X 达到极限时,其导数的值为 0),然后求解 X 得到的。同样,当没有兔子时,方程 3.2 显示狐狸数量的下限是 0(因为增长仅发生于存在兔子的时候)。这些也称为因变量的"均衡值",下面将进行更深入的讨论。

在一般情况下,介绍猎食模型时,都会忽略方程 3.1 和方程 3.2 中由于拥挤和资源不足产生的极限项(mX^2 和 nY^2),从而主要关注两种人群是怎样交互作用的。其中,一种表示这两个变量之间的交互作用的方式是时间序列图,如图 3.1 所示。在这个图中,纵轴的刻度是任意的,把数量设成几百个会更真实些。画这个图时,参数 m 和 n 都设为 0。这里需要注意,狐狸根据兔子的总数来"追赶"兔子,狐狸数量的变化总是根据兔子数量的变化来调整,并滞后于兔子数量的变化。

根据由于拥挤和资源有限等因素引起的限制项(mX^2 和 nY^2)的饱和猎食模型得到的时间序列图呈现出完全不同的特征,如图 3.2 所示。请注意,在这个时间序列图中,猎食者

和猎物的数量最后都稳定在两个均衡值,在本书中记为
(X^*, Y^*)。

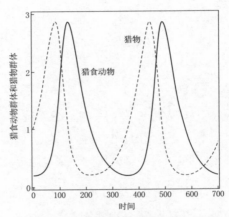

图 3.1　没有资源限制的猎食模型时间序列图

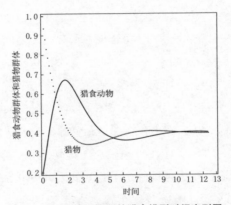

图 3.2　受到资源限制的猎食模型时间序列图

第 2 节 | 相位图

当处理微分方程组时,我们一般会想知道,一个变量是怎么随着另一个变量变化的。从某种意义上讲,时间在这里起了妨碍作用。不过,我们可以用方程 3.1 除以方程 3.2 来消除时间项,如方程 3.4 所示:

$$\frac{dX}{dY} = \frac{aX - bXY - mX^2}{cXY - eY - nY^2} \qquad [3.4]$$

用方程 3.4 可以得到不同的分析,但更常见的情形是通过图形技术来研究没有时间轴时,系统变量之间的联合行为。这些技术中最基本的一种是系统的相位图。我们使用相位图来画不包括时间变量时,变量 X 和 Y 之间的序列动态图。图 3.3 描述了一个系统的相位图,它与图 3.1 相对应,参数 m 和 n 都设为 0,即不存在拥挤和资源限制的情形。

在图 3.3 中,不存在时间轴。更确切地讲,我们现在显现出来的是 X 和 Y 之间独立于时间的系列变化。这个图中的椭圆曲线称为"轨迹",这个轨迹存在于两个变量的系统"相位空间"中。如果把时间包括在内,则要加入第三个轴,这个轴垂直于纸面向外。这时轨迹将像火箭启动时,烟的轨迹那样螺旋式旋出纸面,而不是像图 3.3 所展示的平面曲线。

　　注意图 3.3 轨迹的摇摆特征。轨迹的椭圆轨道的位置和大小由起始条件决定，在这个图中，$(X_0, Y_0) = (1, 0.2)$。除了唯一的一点例外，模型不管从系统的哪里开始起步，猎食者和猎物数量的循环轨迹都遵循相同的路径。当然，这是假设在一个纯确定性世界中，在现实中是不可能出现的。在一般情况下，在这个路径上会加入随机性的因素，但模型中潜在的确定性系统的循环特征保持不变。

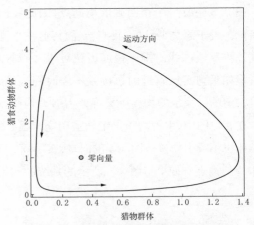

图 3.3　没有资源限制的猎食模型的相位图

　　如图 3.3 所示的椭圆轨迹的唯一一处例外是一个均衡点。均衡点是因变量停止发生变化的地方，也是导数（方程 3.1 和方程 3.2）等于 0 的地方。

　　在图 3.3 中，均衡点落在椭圆轨迹的中间某处，我们可以通过同时求解这两个方程得到 X 和 Y 的坐标。由于图 3.3 中，参数 m 和 n 都设为 0，因此，

$$0 = aX - bXY$$

$$0 = cXY - eY$$

这就得到了公式 $(X^*, Y^*) = (e/c, a/b)$。位于椭圆轨迹内部的均衡点称为"中心",这种均衡点是稳定的(下面将讨论这个特征)。为了得到图 3.3,把上式的参数设为:$a = 1$,$b = 1$,$c = 3$,$e = 1$。因此,这个系统的均衡点是$(1/3, 1)$。这个系统也有另一个均衡点$(0, 0)$,但这个点没有多大意义。

除了确定原始模型的参数,处理任何微分方程系统最重要的两点是:(1)确定系统的均衡点;(2)确定这个均衡点是否稳定。图 3.3 中有一个很明确的均衡点,因此我们完成了第一个目标。关于第二个目标,我们会注意到,一个不稳定的均衡点往往排斥轨迹线。排斥程度可快可慢,慢则慢慢漂离均衡点。但如果均衡点附近的轨迹并不随时间远离,则这个均衡点是稳定的。稳定的均衡点又可分为引力均衡点和中立均衡点。在相位图中,引力均衡点把轨迹引向自己,中立均衡点既不排斥也不吸引轨迹。图 3.3 的向量 $(X^*, Y^*) = (e/c, a/b)$ 是中立均衡点。如果将图 3.3 所示的系统的初始条件设

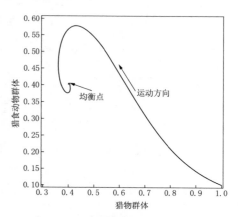

图 3.4   存在资源限制的猎食模型相位图

为点(e/c, a/b)，则这个系统将不会变，而且所有的值都会永远固定在这个点上，但任何远离这个点的随机扰动都会导致前面所示的波动。由于这样的波动并不会持续且系统地远离这个均衡点，所以这个均衡点是稳定的。

如果我们把猎食模型中的参数 m 和 n 设定为非 0 值，即在模型中加入拥挤和资源限制项，则均衡点会变成既是稳定点又是引力点。这种情形如图 3.4 中的相位图所示。在这个图中，轨迹起始于图的右下角，沿着一条曲线渐渐靠近均衡点。在相位空间内，受稳定均衡点的引力影响的区域称为引力点的"场域"。在这张图中，所有能观测到的相位区域都在引力点的场域中。图 3.4 中的参数值设为 $a=1$，$b=1$，$c=3$，$e=1$，$m=1.5$，$n=0.5$，初始条件设为 $X=1$，$Y=0.1$。这个系统的均衡值是通过设定方程 3.1 和方程 3.2 同时为 0 时得到的 X^* 和 Y^* 的值。此时，$X^*=(eb+an)/(cb+mn)$ 和 $Y^*=(ca-em)/(bc+mn)$ 为这个系统的均衡点。在图 3.4 的例子中，$(X^*, Y^*)=(0.4, 0.4)$。

第 3 节 | 向量场域和方向场域图

　　当图 3.3 和图 3.4 所示的相位图有助于呈现一个或多个轨迹如何在模型的相位空间中形成时，有人可能会问，轨迹通过相位空间的不同区域时会在哪里消失？我们可以通过向量场域图或方向场域图来回答这个问题。这两种图是密切相关的。要建立一个二维系统的向量场域图，我们必须在感兴趣的区域内画一些网格点。根据理论，你会得到与网格内的每个点相交叉的直线斜率（dX/dY）。这个斜率和前面讨论的猎食模型（方程 3.4）中的斜率相同。然后，以每个网格点作为起点，沿着斜率的方向画一条直线（常常画带箭头的直线）。直线的长度取决于系统方程在相位空间内所选点的值，向量的大小为 $\mathbf{V}(dX/dt, dY/dt)$。

　　画一个向量场域时，每个向量有两个组成部分，即 dX/dt 和 dY/dt。每个网格点的导数就是用来画向量从网格点到终点的值（即向量的大小）。为了得到每个向量的终点，你得执行以下步骤：（1）把选好要画向量图的每个网格点的 X 和 Y 值代入 dX/dt 和 dY/dt 中；（2）计算 dX/dt 和 dY/dt 的值；（3）把这些值加到每个网格点的 X 和 Y 点上。网格点是向量的起始值，向量的终点是起始点加上刚才计算得到的替换值。然后，在向量场域内把起点和终点连起来就得到了向量。向量的方向可以通过在每条线的终点画个箭头或在每条线的起点画个大点(星号)来标识。

图 3.5 呈现了存在增长和拥挤限制的猎食模型的向量场域图的例子。当用 SAS 画图 3.5 时,所有这些都由程序自动画好。Phaser 也是一个画这类图的非常有用的程序(www.phaser.com)。Phaser 程序我常用于建模课,它能生成相位图、向量场域图、方向场域图及其他许多图形分析工具。而且,它能实时生成这些图,可以通过数字投影仪放到屏幕上,以便学生能看到作图过程。

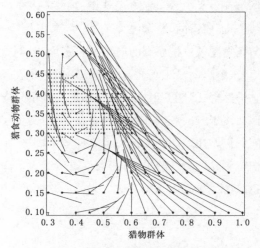

图 3.5 受资源限制的猎食模型向量图

画向量图时,常常有必要按一定比例改变向量的长度,以防这些向量太长。在图 3.5 中,我没有使用一个小于 1 的比例系数(常常用 0.45)来乘以每个向量。由于图 3.5 的向量没有乘以一个比例系数,所以有些向量非常大,以至于在图中没法画出来。这就是为什么这个图的右上角是空白的。

所有这些向量都超出了这个图框。为了避免使图看起来太乱，图 3.5 也没有在线的末端标箭头，而是在起点用点来表示方向。在这个例子中，由于能看见网格点（用星号表示），所以不需要用箭头来表示向量的方向，向量从网格点出发延伸出去。然而，即使没有箭头，这个图看起来还是有些乱。向量图最大的用处在于，它能让你通过看向量空间中的向量长度来了解轨迹在向量中移动的快慢，但要得到这个信息需付出较高的代价。向量一般会相互交叉，所以常常很难把它们分辨开。基于这个原因，我们常常使用方向场域图，而不是向量场域图。请注意，在图 3.5 中有一块存在小点的区域，这就是下面要讲的"均衡区"。

方向场域图通过把所有的向量都设定为相同长度（一般长度较短）来解决向量相互交叉的问题。虽然现在不能看出轨迹移动的速度，但能看出轨迹通过相位空间的每个点时移动的方向。由于方向场域图更容易看懂，所以方向场域图比向量场域图更常用。图 3.6 是一个方向场域图的例子，这张图的方向标识比图 3.5 的更短，其大小通过把 X 和 Y 的导数同时乘以一个比例系数得到。这个比例系数是：

$$\sqrt{\frac{(dX/dt)^2 + (dY/dt)^2}{length}}$$

其中，"length"是在方向场域图中呈现的向量长度。

希望读者在画向量场域图时也用 Phaser 构建一个方向场域图，特别是用来解释某些问题时。Phaser 可以自动完成所有的作图工作。然而，当你遇到一些情形，需要自己编程画方向场域图时，Phaser 也能帮你了解整个过程。实际上，我常常遇到任何已有的画图软件包都不能解决的特殊图形。

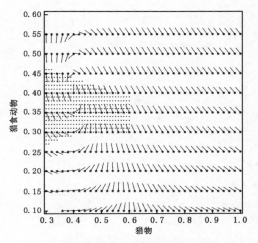

图 3.6　受资源限制的猎食模型的方向场域图

例如,图 3.7 呈现出两个与之前图形不同的特点。这个向量场域图的模型描述了 1964 年在美国,约翰逊(Johnson)以压倒性优势战胜戈德华特(Goldwater)赢得选举的过程(Brown,1995a:73,1993)。图 3.7 表示南方州之外的区域。由于民主党和共和党的选票比例加起来不能大于 1,所以,我必须确保删除图形右上角的所有方向标识,但没有任何软件有这个功能。

请注意,图 3.7 的方向标识与传统的向量场域图或方向场域图不同。我喜欢使用 RK4 法的六次循环(或更少循环)来画方向场域图,而不是直接用导数得到向量的大小。用 RK4 法得到的方向标识会呈现一定的弯曲,而不是直的,这样看起来更有美感,而且,这个弯曲特征解决了传统向量场域图中向量之间相互交叉的问题。它允许方向标识有不同的长度,因此保存了传统向量场域图中轨迹移动速度的信

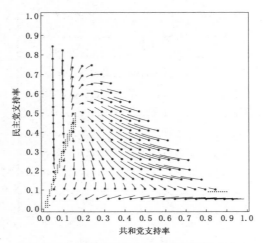

图 3.7   1964 年美国非南方区域民主党和共和
党的党派竞争模型的向量场域图

息。虽然这需要重新编程,但确实是一个描绘向量场域图的
更好的方法。读者在使用时,需要自己决定哪种方法最适合
自己的特定应用。

第 4 节 ｜ 均衡区和流程图

现在,我们开始讨论图 3.5、图 3.6 和图 3.7 中出现的点的图形。每个点的区域是一个"均衡区"。在微分方程的传统研究中,一般很少遇到均衡区,但它们在一般微分方程的社会科学应用中经常用到。在物理学和自然科学中也常常遇到这种应用,此时主要集中在均衡点及均衡点附近的轨迹动向,这是因为,这些系统能够运行足够长(并以足够高的频率),以便这些系统有机会在均衡点或其附近稳定下来。然而,社会系统的移动速度远远慢于电子谐振子。在发现任何均衡点或其附近的行为之前,社会科学家常常研究系统的产生、增长和消失。

让我们用一个实例来说明这个问题,如研究一个选举竞争。这个选举从开始到结束持续几个月。我们并不能像物理学家观察钟摆来回摆动上千次那样观察整个选举过程。实际上,社会系统可能在轨迹达到均衡点附近前就结束了。例如,选举开始后,每天根据投票数观察选民的选择偏好。在很多选举中,我们常常能看到,根据投票数随时间的变化推测,如果选举再延长几周或几天,另一个候选人或党派就可能赢得选举。有时候一个社会系统能达到均衡,但有时社会系统还没有达到均衡时,就会遇到一个社会或政治事件打断或终止其动态过程的情形。在这些情形中常常发生的情况是，当轨迹接近均衡点时，速度会变慢。因此，在许多社会科学情形中，我们不仅需要知道均衡点的位置，而且也要知道相位空间中，轨迹变化变慢的区域，这些区域就是均衡区。这对于社会科学家非常重要，因为相位空间的轨迹很有可能就在这些均衡区内结束，而不是在均衡点处。均衡点一般位于均衡区，但社会现象的发生轨迹可能在达到均衡前或在靠近均衡点的均衡区"卡住"或终止。

我们可以通过求系统（即微分方程）的导数大小（如绝对值）得到均衡区。例如，在一个二维系统里，当两个导数 dX/dt 和 dY/dt 的大小低于某个特定灵敏水平时，相位空间的那个区域就被确定为均衡区。在这些区域内，两个变量的变化如此微小，以至于社会系统很可能在继续发展之前就终止或被中断。灵敏水平是随意设定的，需要根据具体系统逐个调整，大部分取决于系统在终止或中断之前还能发展多久。然而，一般常用的起始值在 0.1 和 0.01 之间。

还有类似于图 3.7 所示的另一类图形，它能以更真实的方式呈现模型的轨迹如何根据数据发生变化。由于社会科学研究的轨迹可能无法达到均衡点，所以一般会关注它们真正有多少进展。一个轨迹的实际长度可以根据步长和用RK4 法的循环次数来决定。当用数据来估计模型参数时，可以解决这些问题，具体做法可参见笔者的研究（Brown,1995a）。一旦得到微分方程模型的参数，画一个表示许多轨迹在相位空间的路径的"流程图"将非常有用。每条轨迹给定一个真实的初始条件，并只有当程序允许时才能移动，这些程序用来估计参数值。图形的初始条件是可以随机选择的,只要这些值是来自研究的真实数据。图 3.8 表示了一个这样的流程图(Brown, 1995a:75),该流程图使用了与图 3.7 一样的模型和参数值。读者应该注意到,虽然我用 SAS 来编程并画图 3.8,但 Phaser 也可以用来画流程图。

另外,特别值得注意的是,我们可以不限制轨迹的长度来画流程图,还可以让轨迹直达均衡点附近的领域,实际上,这是画流程图的非常适用的方法。流程图也可以用来表示数据在一个系统中是怎么运行的。当一个系统被某事件打断时,如选举日程、革命、暗杀或其他事件,在相位图中画出截断的轨迹就有助于描述这个系统对数据的影响程度。

第 5 节 ｜ 本章小结

　　本章介绍了微分方程系统。大部分研究人员想研究的是系统，而不是单个方程模型，因为这是利用微分方程建模的真正优势所在。本章的重点在于使用画图技术来分析微分方程系统。主要的画图技术是相位图，这是没有时间轴的序列变量的图。大部分相位图把系统均衡值放在图中，然后再画一些穿过相位空间的轨迹作为例子。然后，本章介绍了来自群体生物学的一个经典实例，即猎食模型，这个模型的要素在很多领域（包括社会科学领域）的系统中都能找到。本章也介绍了一些其他分析微分方程系统的画图技术，如向量场域图和方向场域图。在一般情况下，方向场域图更受欢迎，因为它看起来更简洁。当社会系统变化过程很慢的时候，微分方程系统常常没有机会到达系统轨迹应该达到的均衡点。实际上，当轨迹经过均衡点附近的地方时，它们就会"停顿"下来，而均衡点的附近区域称为"均衡区"。在相位图中画出均衡区是一种非常有用的识别方法，它可用来识别轨迹还没有达到均衡，但由于前行速度太慢，以至于系统最终终止的情形。

第4章

一阶系统的经典社会科学实例

现在,介绍一些经典的微分方程系统将非常有用,这些微分方程系统对社会科学起了非常重要的影响。读者会发现,这些系统的许多方面都与之前描述的猎食模型很相似。下面的讨论将介绍一些分析这些系统的附加方法。

更具体地说,本章将介绍 3 个非常经典的模型,它们对推广微分方程在社会科学中的发展和应用起到了非常重要的影响。这 3 个模型是:理查森(Richardson,1960)的军备竞赛模型、兰彻斯特(Lanchester,1916)战斗模型的 3 个方案、拉波波特(Rapoport,1960)的生产交易模型。研究这些模型能帮助我们更全面深入地理解这些模型所描述的潜在过程。我们也能通过这些模型模拟来检验"如果……会怎样?"的想法,这些想法能告诉我们更多系统的动态过程。这些探索能增加我们关于这些过程的预测性理解。如果我们模拟一些真实生活中不希望发生的事情,如失控的军备竞赛或灾难性的全球变暖,就能从模型中推断出一些关键问题,从而帮助我们学会如何更有效地管理我们的世界。实际上,直到今天,很多军人在调派军队前还是使用兰彻斯特战斗模型来模拟不同的战场情形。模拟是建模的最大益处之一。

微分方程模型的使用并不是万能的。所有的模型都是真实情形的简化。有时候，对于特定的情形，简单最小二乘回归模型就足够了。但是，一个动态过程的复杂性只有在更准确地描述随时间变化的细节后才能揭示。在这种情形下，使用微分方程能使我们更好地模拟实际随时间变化的过程，以便这些研究和推断的应用得到最大化。

第 1 节 | 理查森军备竞赛模型

　　路易斯·弗莱·理查森的军备竞赛模型毫无疑问是社会科学中最有名的微分方程模型之一。介绍理查森的想法和模型的文献非常多,这里不可能全部涉及。但是,基本军备竞赛模型本身对军事竞赛的研究和整个社会来说都是非常重要的。实际上,理查森相信自己关于国家军事竞争方式的见解可能对防止第二次世界大战的爆发非常有用(Richardson,1960:ix)。模型(两个相互依赖的微分方程系统)本身非常简单。为了获得许多有用的结果,我们有可能根据分析处理模型。但是,我很少这样做,因为这些处理方法并不是特别适用于其他更复杂的模型。然而,我会集中介绍广泛适用于各类常微分方程系统的分析方法。

　　理查森军备竞赛模型有 3 个基本假设(Richardson,1960:13—16)。第一个假设是,当一个国家看到其他国家在武器装备上的投入增加时,它也会增加本国的武器装备。然而,军费支出是社会的一项经济负担,较高的军费支出将抑制其他支出的增长,这是第二个假设。最后,有很多文化因素或国家领导人的抱负或野心,这些能刺激或抑制军费支出。所有这些可以用下面的方程来表示:

$$dx/dt = ay - mx + g \qquad [4.1]$$

$$dy/dt = bx - ny + h \qquad [4.2]$$

这里有两个国家 X 和 Y。dx/dt 和 dy/dt 分别表示两个国家军费支出的变化。方程中的 ay 和 bx 分别表示其他国家军费支出对本国军费支出的影响，mx 和 ny 表示本国目前支出的经济负担对其抑制本国将来的军费支出的影响，常数项 g 和 h 分别表示国家 X 和 Y 的领导人的抱负和野心。

这是两个相互线性依赖的方程系统。由于这个系统是线性的，所以在数学上很容易操作，其中一些操作有利于重新解释参数的含义。例如，我们可以说，方程 4.1 实际上测量了两国军费支出 x 和 y 的差距（或不均衡程度）。请注意，$ay - mx = a(y - mx/a)$，因此，参数 a 可以解释为军费支出相对于两国军费均衡的比例。参数 m/a 是一个帮助确定理想的均衡水平的常数（Danby，1991:48）。

如同大部分微分方程系统，我们想确定的第一件事情是，这个系统是否存在一个均衡点（或多个均衡点）。我们通过把微分方程组（方程 4.1 和方程 4.2）设为 0，求解这个方程组来得到均衡点 X^* 和 Y^*。这里，得到两条直线的方程组为：

$$0 = ay - mx + g \qquad [4.3]$$

$$0 = bx - ny + h \qquad [4.4]$$

这两个方程的均衡点就是这两条直线的交点。在这里，$X^* = (ah + gn)/(mn - ab)$，$Y^* = (bg + hm)/(mn - ab)$。只要 $mn - ab \neq 0$，就存在均衡点。

下一步我们想知道，这个均衡点是否稳定。也就是说，均衡点 (X^*, Y^*) 附近的轨迹是流向均衡点并停留在其附近,还是远离均衡点？这个问题的答案取决于参数值。对于任何特定的参数值,确定均衡点是否稳定的一种方式是在一张图中画两条线(方程 4.3 和方程 4.4),然后留意图中不同区域中导数的符号,因为它们是由这两条直线确定的。这种方法在理查森(Richardson, 1960:24—27)、丹比(Danby, 1997:49—50)和其他很多文献中均有介绍。

然而,一阶微分方程的二维系统的稳定性与二阶微分方程的稳定性有明确的联系。弄清楚为什么这样非常有帮助。本书之后会介绍怎么把一个二阶微分方程转换成两个一阶微分方程系统。反之亦然,即能把两个一阶微分方程系统改写成一个二阶微分方程。以理查森军备竞赛模型为例,对方程 4.1 两边求导得到 d^2x/dt^2,从而得到:

$$d^2x/dt^2 = a(dy/dt) - m(dx/dt) \qquad [4.5]$$

现在,变换方程 4.5,得到 dy/dt 的表达式,代入方程 4.2,得到:

$$d^2x/dt^2 = a(bx - ny + h) - m(dx/dt) \qquad [4.6]$$

再根据方程 4.1 得到 y 的表达式,代入方程 4.6,再整理得到以下二阶微分方程:

$$d^2x/dt^2 + (m+n)(dx/dt) + (mn - ab)x - (ah + ng) = 0$$

一般来讲,我们没有必要把一阶微分方程系统转换成二阶微分方程来分析,但实际情况刚好相反,我们需要把二阶微分方程转换成一阶微分方程系统,然后再用本书介绍的分析方法来分析。我们在处理一阶微分方程系统时,其实就是在处理高阶微分方程。前面介绍的内容对理解这一点非常必要。二阶微分方程比一阶微分方程能"做更多",从某种意义上讲,二阶微分方程比一阶微分方程更能表现多样的行为。因此,当我们处理一阶微分方程系统的时候,我们正是利用微分方程的所有行为"能量"。

理查森军备竞赛模型能产生多组行为模式。我们可以通过流程图来看这些模式。图 4.1 是一个流程图和方向场域图的组合图。在这个例子中,我们用 Phaser 程序来画这张图及后面的附加图。用于这张图的方程是 $dx/dt = 0.1y - 0.1x + 0.02$ 和 $dy/dt = 0.1x - 0.1y + 0.03$,这些参数表示对敌国的怀疑(如 $a = 0.1$, $b = 0.1$)和本国的经济负担(如 $m = 0.1$, $n = 0.1$)水平相当,但是国家 $Y(h = 0.03)$ 的历史和领导因素比国家 $X(g = 0.02)$ 稍有加强。图 4.1 所展示的是个可怕的情形,因为我们看到的将是两国之间失控的军备竞赛。

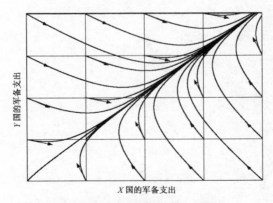

图 4.1 理查森军备竞赛(第一种情形)

图 4.2 呈现了一个不同的情形。图中用到的方程是 $dx/dt = y - 2x + 3$ 和 $dy/dt = 4x - 5y + 6$。在这个例子中,

我使用的是丹比(Danby，1997:51)所使用的参数值。我们可以清楚地看到,图的中心点附近有一个稳定的均衡点,因为所有的轨迹都趋向这个点。表达这种情形的另一种方式是,所有轨迹都落到这个引力点的场域中。这是一个能找到军力均衡的军备竞赛。

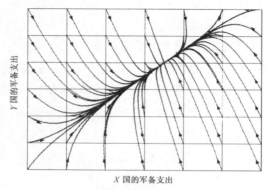

图 4.2   理查森军备竞赛(第二种情形)

　　然而,即使稍稍改变参数,也能产生非常不同的结果,如图 4.3 所示。图 4.3 所使用的方程是 $dx/dt = 2y - x - 1$ 和 $dy/dt = 5x - 4y - 1$。在这种情形中,图左下角的均衡点不稳定,意味着这是一个排斥极。轨迹最终将远离这个点,或者安全地回归到原点,或者无休止地趋向毁灭性的增长。以哪种方式终止取决于它们的起点,这种情形也并不能令人欣慰。在这里显示的 3 种情形中,仅有图 4.2 表示的第二种情形才能真正令人欣慰。但需要注意的是,从第二种情形的相对稳定到第三种情形(图 4.3)的排斥极的不稳定性,仅需要改动模型中有关领导因素的参数值(参数 h 和 g)即可。这就是让理查森非常担忧的问题。

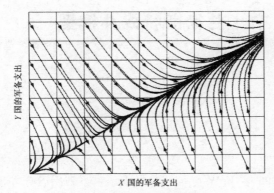

图 4.3 理查森军备竞赛（第三种情形）

读者可以继续深入探究理查森军备竞赛模型（其实已经
有很多介绍）。如果读者刚开始接触该模型，可以参考拉波
波特（Rapoport，1960）、布朗（Braun，1983）、丹比（Danby，
1997）和赫克费尔特、科费尔德、莱肯斯（Huckfeldt et al.，
1982）著作中关于这个模型的讨论。但是，前面的基本思想
概述展示了，社会科学家如何用简单的微分方程模型从人类
社会中提取深刻的道理。

第 2 节 | 兰彻斯特战斗模型

1996 年，F. W. 兰彻斯特发表了一系列用微分方程模型定量描述不同类型的军队在战场上交战时军队之间的得失的论文。这些模型最终都成为经典的模型，在很多一般建模课程或分析军事战争行动的课程中被仔细研究。读者可以在布朗（Braun，1983）和丹比（Danby，1997：139—140）的论文中看到这些模型的有趣应用，还能在布朗（Braun，1983）和恩格尔（Engel，1954）的著作中找到把这些模型应用于第二次世界大战中的硫磺岛战役的经典讨论。

兰彻斯特战斗模型常常考虑 3 种情形。这 3 种情形的不同主要在于参与战争的是正规军还是游击队员。两支军队的军事力量分别用变量 x 和 y 来表示。对于双方军队来说，各有两种损耗率和一种增援来源（来自援军）。第一种损耗率是军事行动方面的。军事行动的损耗仅仅发生在部署自己军队的时候。这种损耗包括由于交通事故、意外的坠机、疾病和逃跑造成的死亡。一支军队的军事行动损耗率与这个军队部署的士兵数量成比例。这类损耗在兰彻斯特战斗模型的 3 种情形中都是类似的。第二种损耗率是战斗损耗。战斗损耗是由敌军的杀伤行动造成的死亡。当一支军队由正规军组成，且假定正规军处于敌军的杀伤范围内，则敌军可以直接观察到其兵力。正规军的战斗损耗与敌军的兵力成比例。例如,如果部队 X 是正规军,那么它的战斗损耗率是 ay,其中,y 是敌军的数量,参数 a 是比例系数。这个参数称为部队 Y 的"作战能力系数"。这个参数值越大,部队 Y 杀死部队 X 士兵的能力越强。

游击部队的战斗损耗与正规军不同。游击队员一般都藏在城市或自然环境中,敌军很难发现他们。要杀死游击队员,一般需要敌军直接一对一或以小部队形式与游击队员作战。因此,需要与游击队作个人接触。从数学上来说,这种交互作用常常通过把两个变量 x 和 y 相乘得到。在这种情况下,如果部队 X 是游击队,那么,其战斗损耗率是 cxy,其中,c 表示部队 Y 杀死游击队 X 的队员的作战能力系数。

部队能增加兵力的唯一方式是增派援军。这种增援随战场的变化而变化。需要注意的是,兰彻斯特战斗模型中的大部分短期行动是由杀伤或军事行动造成的死亡而形成。因此,援军成为任何持续时间很长的战场的一个至关重要的附加因素。

情形一

在兰彻斯特战斗模型的第一种情形中,两支正规军队作战。这种作战情形可以用方程 4.7 和方程 4.8 来表示。

$$dx/dt = -ay - ex + f(t) \qquad [4.7]$$

$$dy/dt = |bx| ny + g(t) \qquad [4.8]$$

在方程 4.7 和方程 4.8 中,参数 a 是部队 Y 杀伤部队 X

的作战能力系数,参数 b 是部队 X 杀伤部队 Y 的作战能力系数。部队 X 的军事行动损耗率由 ex 决定,部队 Y 的军事行动损耗率由 ny 决定。当然,所有损耗率的系数都是负的。函数 $f(t)$ 和 $g(t)$ 分别是部队 X 和部队 Y 的援军比率。

第一种情形产生了一个由两个相互依赖的一阶常微分方程组成的线性系统。这种系统的行为特点因参数值的不同而存在很大差异。这些方程的分析方法之一是直接通过算术变换。例如,读者会问,是否存在一种分析方法,能从模型的算式中识别出一个部队如何比另一个部队更有优势? 实际上确实存在这种情形。如果没有援军,而且没有军事行动损耗率,那么我们可以把方程 4.7 除以方程 4.8 得到 $dx/dy = ay/bx$。我们使用分离变量法来对这个方程积分,得到:

$$bx^2 = ay^2 + C$$

其中,C 是积分常数。把这个方程重新整理,得到 $bx^2 - ay^2 = C$,这适应于微分方程系统的任意解。这表明,只要 $bx_0^2 > ay_0^2$,部队 X 就会赢得战争。在这里,x_0 和 y_0 是这些变量的初始值。这是兰彻斯特"二乘法"应用于正规部队之间的战争时的例子。

情形二

兰彻斯特战斗模型的第二种情形是一支正规部队和一支游击部队之间的战争。只有在描述游击队的损耗时,才需要交互战争损耗项。这种情形可以用方程 4.9 和方程 4.10 表示:

$$dx/dt = -cxy - ex + f(t) \qquad [4.9]$$

$$dy/dt = |bx| ny + g(t) \qquad [4.10]$$

请注意,这种情形和情形一之间仅有的差异是用 cxy 来代替部队 X 的战争损耗率。这一项使得这两个微分方程组成的系统变成非线性。

情形三

兰彻斯特战斗模型的第三种情形是两支游击部队之间的战争。这种情形可以用方程 4.11 和方程 4.12 表示。

$$dx/dt = -cxy - ex + f(t) \qquad [4.11]$$

$$dy/dt = -kxy - ny + g(t) \qquad [4.12]$$

在这种情形下,两支部队都有交互战争损耗率。

第 3 节 | 拉波波特生产交易模型

　　下面的模型由阿纳托尔·拉波波特(Rapoport，1960)提出，后由丹比(Danby，1997：140—141)修改。这是本书中所包含的微分方程应用的非常有用的例子之一，因此，它展示了这样的方程如何应用到经济学和社会选择理论中。虽然模型的分析揭示了个人行为中令人惊讶的复杂一面，但模型的基本理念非常简单。

　　我们从两个人 X 和 Y 开始介绍。两个人都生产物品，分别表示为 x 和 y。为了增加他们的幸福感，他们希望相互交换各自的产品。一个人把自己产品的一定比例 p 留下，另一部分 q 拿去交易，其中，$q = 1 - p$。一个人拥有和交易产品的幸福感通常根据"效用"来测量，效用普遍用于经济学和社会选择讨论中，它能够作为"公共分母"用于不同事物间的比较。例如，假定 X 生产的物品和 Y 生产的不同。因此，我们自然会问，根据一个人的满意度或幸福度，一个单位的 y 将值多少单位的 x。如果已知某个人从一个单位的 x 获得的效用以及从一个单位的 y 获得的效用，那么，我们可以简单地把这些效用相加，得到同时拥有 x 和 y 的效用。我们想通过模型来表示 x 和 y(如生产者 X 和 Y 生产的产品数量的变化)产生的效用如何随着 x 和 y 的大小变化而改变。

　　建立这个模型需要根据生产交易的得失来表示生产者 X 和 Y 的效用。拉波波特假设，人一般不想工作，除非不得不工作时才会去工作。因此，由于不得不生产，所以生产的效用会减少。由于不得不生产导致的效用减少的大小是产品数量的函数，但是效用的增加却不一样。人们喜欢拥有产品，因此，当人们获得自己或别人生产的物品时，效用会增加。这里，我们引入一个精神物理学中常用的概念，即费希纳法则（Fechner's Law），有时也称为"韦伯法则"（Weber's Law）。这个法则指出，只有当个人受到的原始刺激成几何级数增长时，个人的意识才能成算术级数增长。根据这个法则，拥有的物品加倍，会使一个最初连一分钱都没有的穷人的满足感大大增加，而一个富人从中得到的满足感远没有穷人多。费希纳法则的原始概念是有关受到光电等物理刺激的增加与感觉意识的增加之间的关系。

　　因此，我们能够把每个人的效用模型化为：

$$U_x = \log(1 + px + qy) - r_x x$$

$$U_y = \log(1 + qx + py) - r_y y$$

　　在这里，U_i 表示第 i 个人由于物品得失而获得的效用，$-r_x x$ 和 $-r_y y$ 分别表示由于必须工作而减少的效用，$\log(1+qx+py)$ 和 $\log(1+px+qy)$ 表示由于拥有物品而获得的效用。因为个人 X 和 Y 因迫于生计不得不工作而减少的效用不同，所以我给他们的效用减少项附上了不同的下标。$\log$ 项中的 1 是为了避免 x 和 y 太小时，效用值为负值而添加的。

　　但是，我们想要模型化的是 x 和 y 值的变化，而不是个

人 X 和 Y 的效用。从这个建模概念内涵的理性视角来看,模型假设产量的变化仅当效用发生变化时才改变。具体模型化的一种方法是把 x 和 y 的变化表示成他们各自效用函数的偏导数的比例。因此,我们可以规定:

$$\frac{dx}{dt} = c_x \left(\frac{p}{(1+px+qy)} - r_x \right) \qquad [4.13]$$

$$\frac{dy}{dt} = c_y \left(\frac{p}{(1+qx+py)} - r_y \right) \qquad [4.14]$$

对这个模型的分析始于确定模型的均衡值,而对这个模型的数值分析始于设定不同的参数值。有时,我们可以把参数值设定为 $c_x = c_y$ 和 $r_x = r_y$。给定不同的参数值可以画出这个模型的不同特征的相位图。例如,当 X 或 Y(但不是两者都)停止生产时,产生寄生状态——工作的行为准则(如参数 r_x 和 r_y)稍稍发生变化将导致严重的长期整体交易失衡,从而产生寄生状态。这个模型不仅能描述个人之间的相互影响,而且能扩展到描述国家之间的相互影响。

第 4 节 | **本章小结**

　　本章介绍了社会科学中使用微分方程建模的 3 个经典
实例。这 3 个例子都包括一阶微分方程系统。前两个模型
(理查森军备竞赛模型和兰彻斯特战斗模型)重点讨论军事
概念,这是在所有用微分方程建模的文献中有关社会科学
的、引用最广的模型之一。两个模型都具有之前讨论的猎食
模型中的算术成分。本章最后介绍的社会科学模型是拉波
波特生产交易模型,这是一个有关经济学主题的模型。这个
例子的算术结构更复杂,它展示了微分方程模型如何用来处
理消费者偏好和个人效用这类问题。这些例子尽管很引人
入胜,但是仅仅触及微分方程建模在社会科学中广泛应用的
一角。在社会科学研究中,出现了越来越多更高级的模型,
它们能以新方式冲破模型具体化的边界。

第**5**章

二阶非自治微分方程转化
成一阶微分方程系统

　　到目前为止，本书仅仅讨论了一阶微分方程系统。然而，理论家有时需要处理包含更高阶导数的模型，如二阶导数的模型。实际上，我们已经间接处理过二阶导数，因为一阶微分方程系统能表示成二阶微分方程，这在前面介绍理查森军备竞赛模型时讨论过。一般来讲，我们不需要担心把一阶微分方程系统转换成一个二阶微分方程的问题，因为本书所介绍的都是处理一阶微分方程的技术。然而，当我们从二阶微分方程开始，且需要把这个方程转换成一阶微分方程系统来用这些技术做分析时，就会出现问题。

　　在物理科学中，经常遇到二阶微分方程模型。此外，有关物体质量和加速度的牛顿第二法则是一个二阶微分方程，因为加速度是速度的导数，而速度本身是一阶导数。但在社会科学中，大部分微分方程模型始于一阶微分方程系统。如果社会科学家从一开始就是处理一阶微分系统，那么为什么他们还需要知道怎么把二阶微分方程转化成一阶微分系统呢？我们可以从两方面回答这个问题：一是从技术方面，二是从实用方面。从技术方面来讲，所有的建模者都可以从别人的例子中学习，大量现有的二阶微分方程模型呈现出很多社会科学家想研究的特征。例如，Phaser 程序提供了大量的动态系统,这些系统必须根据二阶微分方程来理解。如果我们不能很好地研究和理解别人的模型,我们怎么创新呢? 从实用方面来讲,相似的数学模型常常源于不同研究领域的动态过程。因此,社会科学家可能遇到二阶微分方程模型,虽然这些模型源于物理学等自然科学,但这些模型的结构与存在相似动态特征的社会和政治现象相同,以至于社会科学家也会利用这些模型来研究社会和政治现象。这正是拥有跨领域建模的广泛视野的数学家阿纳托尔·拉波波特力争的一点(Rapoport,1983:25—26)。

此外,二阶微分方程是存在二阶导数且以其为最高导数的方程。例如,方程 5.1 是齐次线性微分常系数方程:

$$a\frac{d^2y}{dt^2} + b\frac{dy}{dt} + cy = 0 \qquad [5.1]$$

方程 5.1 是齐次的,因为方程右边为 0。方程是线性的,因为方程中不存在非线性项,如 y^2。方程是常系数,因为参数 a、b、c 不变。如果方程 5.1 的右边不为 0,则方程为非齐次的。

有两种处理二阶线性微分方程的一般方法:第一种是找到这种方程的确切解,第二种是把这个问题改用一阶方程系统来表示。就求解二阶线性微分方程的确切解来讲,这有点像一门艺术,因为它包含了一些智能猜测(称为"猜测检验"法),根据规则并通过猜测初始值而获得方程的完备通解。本章主要讨论另一种处理二阶或更高阶微分方程的方法,即把这些方程转换成一阶微分方程。

在这里,强调这种替代方法存在多种原因。首先,适用于求二阶和更高阶线性微分方程通解的方法常常不能用于非线性微分方程。其次，关于二阶和更高阶线性微分方程的求解方法的讨论是相当标准的，常常能在任何讨论微分方程的书籍中找到。而且，在下一章讨论有关微分方程系统的稳定性分析时，会涉及大量这方面的内容。感兴趣的读者能在布兰查德等人（Blanchard et al., 2006：324—329）和齐尔（Zill，2005：chapter 4）的文章中找到关于求二阶和更高阶线性微分方程确切解的方法的完整讨论。

更重要的是，前面提到的替代方法能用于解决二阶和更高阶微分方程的定性行为，这与本书通篇使用的微分方程建模方法有很多相似之处。实际上，这些方法更适用于我们的目的，因为它们把求二阶或更高阶微分方程确切解的问题转化成求解一阶微分方程系统的问题。如果读者想用数值分析法来研究微分方程，那么非常有必要这样做。实际上，这种方法越来越受到数学家的青睐。即便如此，读者应该注意，这里偏好的方法（处理一阶微分方程系统）绝不是所有人都支持。有些读者也许发现，在某些情况下，求二阶或高阶线性微分方程确切解的传统方法非常有帮助。下一章在稳定性分析的情形下讨论这个问题的做法将非常有启发性。

第 1 节 │ 二阶和更高阶微分方程

将二阶和更高阶微分方程转换成一阶微分方程系统非常容易(Blanchard et al.，2005：159—161)。这种转换不会丢失信息或失去一般性。此外，使用数值分析法研究二阶或更高阶微分方程时，这类转换是非常必要的。

例如，我们有任何一个高于一阶的微分方程。为了把这个方程转换成一个微分方程系统，首先要把最高次导数单独放在方程的一边，把其他项放在方程的另一边。我们以方程 5.2 为例，使用科洽克(Koçak，1989：6—7)建议的符号和表达方式：

$$\frac{d^n y}{dt^n} = F\left(y, \frac{dy}{dt}, \cdots, \frac{d^{n-1} y}{dt^{n-1}}\right) \qquad [5.2]$$

为了继续下一步，我们需要知道除了最高阶导数之外其他项的初始条件(如方程 5.2 的左边)。因此，我们需要初始条件

$y(t_0)$，在 t_0 点 dy/dt 的值，$\cdots$，在 t_0 点 $d^{n-1} y/dt^{n-1}$ 的值

$$[5.3]$$

现在，我们引进新变量。这些变量将代替 y, dy/dt, $\cdots$, $d^{n-1} y/dt^{n-1}$。由于所有这些都会改变，所以我们从中生成新变量，并把它们作为微分方程系统的分离项。新变量形如：

$$x_1(t) = y$$

$$x_2(t) = dy/dt \cdots \qquad [5.4]$$

$$x_n(t) = d^{n-1}y/dt^{n-1}$$

现在，我们想把所有 x_i 变量求导，以便建立一个能使用这些导数的微分方程系统。因此，我们得到：

$$dx_1/dt = x_2 \text{（从方程 5.4 中得到）}$$

$$dx_2/dt = x_3 \text{（也从方程 5.4 中得到）}$$

$$dx_n/dt = F(x_1, x_2, \cdots, x_n) \text{（从方程 5.2 中得到，并替换 } x_i\text{）}$$

在正常情况下，我们能用 RK4 法来处理这一系列方程。记住，这些变量的初始条件可以从方程 5.3 得到。因此，

$$x_1(t_0) = y(t_0)$$

$$x_2(t_0) = dy/dt(t_0) \cdots$$

$$x_n(t_0) = d^{n-1}y/dt^{n-1}(t_0)$$

到此，完成转换。

接下来，请思考二阶微分方程 5.5：

$$\frac{d^2y}{dt^2} = -7\frac{dy}{dt} - 10y \qquad [5.5]$$

我们从设定新变量 x_i 开始。因此，我们得到：

$$x_1(t) = y \text{ 和 } x_2(t) = dy/dt \qquad [5.6]$$

通过代换，我们可以得到新的一阶微分方程系统：

$$dx_1/dt = x_2$$

$$dx_2/dt = -7x_2 - 10x_1$$

为了用 RK4 法数值分析这个微分方程系统，我们需要知道 y（即 x_1）和 dy/dt（即 x_2）的初始值。其他例子可以参见科洽克（Koçak，1989：6—7）。

第 2 节 | 非自治微分方程

在政治学中,一个"自治"地区或团体是自主管理的实体,甚至在一个大学里会有自治委员会。其自治的理念在于,这种地区或团体不依赖外在条件而运行。例如,一个真正自治的团体做事的时候,不必请求别人的许可。自治在微分方程中的意思也与之类似。自治微分方程基于它们自身的内在值来运作。实际上,微分方程的自治系统仅仅基于因变量的值来运作。但是,一个非自治系统在运作时,则需要除因变量之外的其他信息,同时也需要自变量的值。因此,非自治微分方程是模型中也包括自变量 t 的微分方程。例如,方程 5.7 是包括所谓"受迫谐振子"成分的非自治微分方程:

$$dx/dt = ay - mx + g[\cos(pt)] \qquad [5.7]$$

读者将会注意到,这个方程是对理查森军事竞赛模型(方程 4.1)稍作修正而得到的。在这里,假设国家 X 的军备开支将经历循环变化。这些变化可能是选举循环的一个后果。在这个循环中,国家领导人在普选前夕为了获得更多选票而试图激起对国家 Y 的担忧。由于自变量 t 的值包括在模型中,所以这个模型是非自治的。

在执行数值分析实验时,有几种方法可以处理数值模型中包括自变量的情形。其中一种方法是,仅在 RK4 法的步长随着时间推进前移时,记录 t 值。但更一般的方法是通过产生一个新的方程来增加系统的维度。因此,我们构建一个新变量 x_{n+1},其中,n 是原始微分方程系统的维度(如因变量的数量),则新的微分方程是:

$$\frac{dx_{n+1}}{dt} = 1 \qquad [5.8]$$

初始条件是 $x_{n+1}(0) = t_0$。

把方程 5.8 对 t 进行积分得到解 $x_{n+1} = t + t_0$(Koçak,1989:7—8)。现在我们得到这个新变量 x_{n+1},并用它去替代系统中所有的 t。

例如,用这种方法得到的新理查森军备竞赛模型如下:

$$dx_1/dt = ax_2 - mx_1 + g[\cos(px_3)] \qquad [5.9]$$

$$dx_2/dt = bx_1 - nx_2 + h \qquad [5.10]$$

$$dx_3/dt = 1, \ x_3(0) = t_0 \qquad [5.11]$$

请注意,我们把所有的变量都变成了 x_i 的形式。有趣的是,这个理查森军备竞赛模型有可能处理由于在方程 5.9 中纳入受迫谐振子而形成的高度纵向变异(Brown,1995b)。

第 3 节 | **本章小结**

　　本章首先集中介绍了把一个二阶或更高阶微分方程转换成一阶微分方程系统的方法。这样做的主要目的之一，是方便数值分析自然科学和社会科学中常用的二阶和更高阶微分方程模型。本书介绍的数值方法（如 RK4 法）仅适用于一阶微分系统，因此从这点上来讲，把更高阶微分方程转换成一阶微分方程系统是非常必要的。社会科学家常常发现，一个社会过程和一个用二阶微分方程模拟的物理过程的某一个或某几个方面存在动态类似之处。因此，理论家们可以通过这种处理更高阶微分方程的方式来进一步探索与这些模型有关的更高阶动态系统。

　　本章还介绍了处理非自治微分方程的一种方法。这种方法可以和用于更高阶微分方程的方法相比较，从某种意义上来说，可以将增加系统的维度（在这个例子中是增加一维）作为记录自变量 t 的一种方式。因此，一个非自治微分方程可以写成由两个一阶自治微分方程组成的系统。本书使用的数值方法（如 RK4）能像其用于所有一阶微分方程系统那样来处理这个微分系统。

第 **6** 章

线性微分方程系统的稳定性分析

　　微分方程模型分析几乎总是至少包括 3 个主要方面。首先应该识别均衡点和系统的吸引域，这可能包括均衡域的识别。其次是描述因变量在相关的相位空间内的轨迹行为。再次是描述进入均衡点的近域的轨迹行为。本章集中讨论关于一阶线性微分方程系统的第三步。

　　不管是线性方程还是非线性方程，微分方程系统在均衡点附近的行为通常非常类似（偶尔出现行为差异大的情形）。离均衡点越远，线性和非线性微分方程的行为可能越大相径庭，本书前面提到的数值方法对于描述这些行为非常重要。但是，在一个二维系统的均衡点附近，微分方程系统通常出现 6 种基本行为，每种行为都非常值得我们重视。我们能通过检验这个线性例子来清晰地识别这些行为。

第 1 节 | 一个系统中的稳定性如何突变的一个例子

　　首先,我们通过介绍一个微分方程系统非常容易有均衡点,且均衡点可以根据系统参数值的不同而呈现非常不同的稳定性特征,来讨论稳定性分析。下面以理查森军备竞赛模型为例。方程 4.3 和方程 4.4 中呈现的理查森军备竞赛模型的均衡值是 $X^* = (ah + gn)/(mn - ab)$ 和 $Y^* = (bg - hm)/(mn - ab)$。如前面所提到的,只要 $mn - ab \neq 0$,均衡值就存在。也可能存在改变参数值但是均衡点 (X^*, Y^*) 近似保持不变的情形,即尽管参数值发生变化,但均衡点几乎不变。这也许需要在某一时点改变至少一个参数值,以致均衡解保持相同。在现实中,这个系统的观察者也许无法发现任何差异,因为观察者也许仅能观察到在均衡点时,每个国家的军购数量。但是,如果参数变化很大以致 $mn - ab$ 从正值变成负值(如 $mn < ab$),那么,均衡值的稳定性也会突然从稳定变得不稳定(Richardson, 1960:24—28; Rapoport, 1983: 126—128)。实质上,这意味着,如果最近的历史表明一切都是“安全”和稳定的,那么,一个国家会突然发现自己处于失控的军备竞赛中。在连环画中,从来看不到这种情形发生。

　　前面描述的现象与所谓“突变论”的动态建模领域有关,

这在我写的其他书中有过介绍和应用(Brown,1995a,1995b)。宏观社会系统的行为动态依赖于特定状态或系统均衡点的局部稳定特性。一些科学家通过给他们的系统设定限定值来处理突然的变化。当特定的参数值超过这些限定值时,系统的行为能改变,就像有两套"规则"控制着系统,分别适用不同的情形。然而,拉波波特争论说,这是临时的,描述了系统的行为而不描述其潜在结构(Rapoport,1983:127)。但将突变论应用到微分方程中时,我们是通过直接依赖潜在机制来描述系统的突变行为的。这将有助于促进微分方程系统稳定性的研究——理解是什么引起系统稳定与否,或有哪种稳定性或不稳定性——让我们有可能从一个新的角度理解社会系统。实际上,这是目前把微分方程系统应用到真实现象的一个研究领域。

第 2 节 │ **标量法**

　　为了描述二维微分方程系统在均衡点附近的 6 种基本行为,下面以方程 6.1 和方程 6.2 为例,来处理线性微分方程。这些方程类似于理查森军备竞赛模型:

$$dx/dt = ax + by \qquad\qquad [6.1]$$

$$dy/dt = cx + ky \qquad\qquad [6.2]$$

　　首先,我们要注意,原点是这个系统的均衡点,这能通过检验或把方程 6.1 和方程 6.2 同时设定为 0 并求解这两个方程得到。现在把方程 6.1 和方程 6.2 转换成一个更高阶微分方程。首先对方程 6.1 两边求导,得到:

$$\frac{d^2 x}{dt^2} = a\frac{dx}{dt} + b\frac{dy}{dt} \qquad\qquad [6.3]$$

　　下一步是把方程 6.2 的 dy/dt 和方程 6.1 中的 y 代入方程 6.3,得到方程 6.4:

$$\frac{d^2 x}{dt^2} - (a+k)\frac{dx}{dt} + (ak - bc)x = 0 \qquad\qquad [6.4]$$

我们将用“猜测检验法”求解这个二阶微分方程(Blanchard et al. , 2005:117—120, 194—195)。

　　先猜测 $x = Ae^{rt}$,其中 r 为常数,A 为任意常数,我们希

望这是 x 的一个解。再次,x 的解可能是不包含任何导数的算术方程,给定任何自变量 t 的值,都会得出 x 的值。猜测可能解 Ae^{rt} 的依据之一是相关的一阶线性微分方程的解(参见方程 2.4),另一个依据是,如果方程 6.4 中不同导数的线性组合都抵消为 0,那么,导数在某种程度上可能是重复的。

请注意,$dx/dt = rAe^{rt}$,$d^2x/dt^2 = r^2Ae^{rt}$。把这些值代入方程 6.4 得到方程 6.5:

$$r^2Ae^{rt} - (a+k)rAe^{rt} + (ak-bc)Ae^{rt} = 0 \qquad [6.5]$$

提取公因子 Ae^{rt}(注意 $e^{rt} \neq 0$),我们得到所谓的"特征方程",如方程 6.6:

$$r^2 - (a+k)r + (ak-bc) = 0 \qquad [6.6]$$

因此,看起来只要我们能找到参数 r 的适当值,就能得到可能解 $x = Ae^{rt}$。

我们关注两个微分方程(方程 6.1 和方程 6.2)组成的系统在均衡点 $(0,0)$ 附近的行为。因变量的解依赖于特征方程的根。我们能用二次公式或对更高阶系统用 Newton 方法得到根。就自变量 x 而言,我们想求解参数 r 的值以满足其他参数(a、b、c 和 k)值给定时的方程 6.6。注意,方程 6.6 有两个根(r_1 和 r_2)。如果我们仅仅把 $x = Ae^{rt}$ 作为方程的解,则 x 有两个不同的根。因此,我们要想办法把这两个解合成一个。

在微分方程理论中,有一个叠加原理(Zill,2005:130—134)。这个原理也称为"线性原理"(Blanchard et al.,2005:114—116;Morris & Brown,1952:69—71)。这个原理可以分成两部分。首先,如果找到方程的解,则这个解乘以任何常数仍是这个方程的解。这很容易得到证明。因为 Ae^{rt} 是 x 的一个解,把 sAe^{rt}(和其导数)代入方程 6.4 将同样得到方程 6.5——两边消除公因子会把参数 s 消去,得到方程 6.5。其次,叠加原理还表明,如果微分方程有两个解,那么这两个解的任意线性组合也是这个方程的解。这也适用于更高阶微分方程,不同的是,这是由更多解组成的线性组合。这两个解的线性组合是二阶齐次微分方程的通解,下面将具体介绍如何得到这个通解。

请记住,我们这里所做的是为了确定二阶微分方程系统因变量的行为。二阶微分方程的解包括一个参数值 r,它有两个值。这意味着,这个微分方程的行为将依赖于特征方程 6.6 的根。

此时,我们用一个实例来看这个求解过程。在这个例子中,我将用丹比(Danby,1997:52—54)建议的参数值。我们把方程 6.1 和方程 6.2 中的参数都设定为具体的值,得到下面的方程 6.7 和方程 6.8:

$$dx/dt = 2x + y \qquad [6.7]$$

$$dy/dt = x + 2y \qquad [6.8]$$

这意味着,$a = 2$,$b = 1$,$c = 1$,$k = 2$。把这些参数值代入方程 6.6,得到方程 6.9:

$$r^2 - 4r + 3 = 0 \qquad [6.9]$$

使用二次公式,得到两个根:$r_1 = 1$ 和 $r_2 = 3$。

我们现在需要用这两个根得到这个系统的通解。由于系统是相互依赖的,因此 x 依赖于 y,反之亦然。所以,我们需要把 x 和 y 的解都求出来。我们将使用猜测法,即猜测

$x = Ae^{rt}$，$y = Be^{rt}$。请注意，$dx/dt = rAe^{rt}$，$dy/dt = rBe^{rt}$，
然后把这些值代入原始方程 6.7 和方程 6.8 中，得到：

$$rAe^{rt} = 2(Ae^{rt}) + Be^{rt}$$

$$rBe^{rt} = Ae^{rt} + 2(Be^{rt})$$

方程两边同时除以 e^{rt}，再整理这两个方程，得到：

$$A(2-r) + B = 0$$

$$A + B(2-r) = 0$$

请注意，只有当 $\det \begin{bmatrix} 2-r & 1 \\ 1 & 2-r \end{bmatrix} = 0$ 时，这两个方程才
能求出 A 和 B 的有效解。

这是得到系统的特征方程的另一种方法。我在这里介
绍，以便读者注意到这里的标量法和后面介绍的矩阵法两者
之间重要的相似之处。解上面的方程得到两个根：$r_1 = 1$ 和
$r_2 = 3$。把这两个根代入上面的两个方程中求解 A 和 B。注
意，当 $r_1 = 1$ 时，$A = -B$；当 $r_2 = 3$ 时，$A = B$。其中，A 为
任意实数。为了区分，我们用 A_1 和 A_2 来代替。

现在我们可以用 A_i 来表示方程的解。因此，我们有 4
个解，分别是：

$$x = A_1 e^t$$

$$y = -A_1 e^t$$

和

$$x = A_2 e^{3t}$$

$$y = A_2 e^{3t}$$

　　根据叠加原理,通解可以写成这两个解的线性组合。这
意味着,二阶微分方程 6.4 的 x 和 y 的通解可以表示为:

$$x = A_1 e^t + A_2 e^{3t} \qquad\qquad [6.10]$$

$$y = -A_1 e^t + A_2 e^{3t} \qquad\qquad [6.11]$$

其中,A_i 是依赖于 x 和 y 的初始条件的任意常数。这些常数
类似于一阶线性微分方程的解(方程 2.4)中的常数 y_0。注
意,方程 6.10 和方程 6.11 分别是 x 和 y 的解的线性组合,每
个解都用了方程 6.9 的一个根。

　　读者应该清楚一点,因变量 x 和 y 随时间而变化的行为
将依赖于特征方程的根。从方程 6.10 和方程 6.11 中可以看
出,由于这两个根都是正值,所以随着时间的推移,x 和 y 的
值将呈指数增加。这意味着,这个系统的均衡值(如方程 6.7
和方程 6.8 所定义的)是不稳定的,这个均衡值本身(如原
点)被称为一个"不稳定的节点"。

第 3 节 | 矩阵法

在这点上,我们需要退一步,用一种不同的方法,即矩阵,来评估微分方程的线性系统的行为。从我的角度来讲,这种矩阵法更具一般性且更可取(我在下面将论述原因),虽然一些读者可能更喜欢用前面描述的"猜测检验法"来求解微分方程。这种矩阵法不仅能用来处理线性微分方程,也能用来处理非线性微分方程,我们在下一章将进行讨论。

我们首先介绍两个微分方程(方程 6.1 和方程 6.2)组成的系统的矩阵形式。我们不会像之前那样,把这个系统转换成一个二阶方程。因此,我们把这些原始方程写成矩阵形式:

$$dY/dt = AY \qquad [6.12]$$

其中,

$$A = \begin{bmatrix} 2 & 1 \\ 1 & 2 \end{bmatrix}$$

矩阵 A(称为"系数矩阵")中的各元素是方程 6.7 和方程 6.8 组成的系统的系数。向量 Y 有两个元素——x 和 y,它们是这个系统的因变量。根据方程 6.1 和方程 6.2:

$$\frac{dY}{dt} = \begin{pmatrix} dx/dt \\ dy/dt \end{pmatrix} = \begin{pmatrix} ax + by \\ cx + ky \end{pmatrix} = \begin{pmatrix} a & b \\ c & k \end{pmatrix} \begin{pmatrix} x \\ y \end{pmatrix} \qquad [6.13]$$

　　根据叠加原理，我们知道，能通过线性组合任意两个给定的解来得到这个方程系统的解。因此，如果 $\mathbf{Y}_1(t)$ 和 $\mathbf{Y}_2(t)$ 是系统（方程 6.13）的解（即特解），从而我们能得出：

$$w_1 \mathbf{Y}_1(t) + w_2 \mathbf{Y}_2(t) \qquad [6.14]$$

也是系统的解（即通解）。在这里，我们用 w_i 表示任意常数。求这个通解需要先求这两个特解，将这两个特解分别与原始系数矩阵相乘得到相同的向量 $\mathbf{Y}$（在很多例子中，这些解称为"直线解"，因为在相位图中，识别的轨迹是直线）。因此，我们实际上在寻找两种事物——既需要找到一个能与系数矩阵的作用一样的标量，也需要因变量的值。这些值和标量相乘能像把方程 6.13 和系数矩阵相乘那样得到相同的结果。

　　把向量 $\mathbf{V}$ 中因变量的值分组。因此，$\mathbf{V} = (x, y)$，我们需要求 $\mathbf{V}$ 的值以使下列方程成立：

$$\mathbf{AV} = \mathbf{A} \begin{bmatrix} x \\ y \end{bmatrix} = \lambda \begin{bmatrix} x \\ y \end{bmatrix} = \lambda \mathbf{V} \qquad [6.15]$$

或者，$(\mathbf{A} - \lambda \mathbf{I})\mathbf{V} = 0$。在这里，$\lambda$ 是那个当与向量 $\mathbf{V}$ 相乘时与系数矩阵 $\mathbf{A}$ 作用一样的标量，$\mathbf{I}$ 是单位阵。标量 λ 也称为矩阵 $\mathbf{A}$ 的一个"特征值"，向量 $\mathbf{V}$ 也称为对应于特征值 λ 的"特征向量"。方程 6.15 也可以写成：

$$ax + by = \lambda x$$

$$cx + ky = \lambda y$$

或

$$(a - \lambda)x + by = 0 \qquad [6.16]$$

$$cx + (k - \lambda)y = 0 \qquad [6.17]$$

只有当 $\det|\mathbf{A}-\lambda\mathbf{I}|=0$ 时,这个系统才存在有效解。因此,我们设定

$$\det\begin{bmatrix} a-\lambda & b \\ c & k-\lambda \end{bmatrix}=0 \qquad [6.18]$$

把方程 6.18 展开成算术式,得到:

$$\lambda^2-(a+k)\lambda+(ak-bc)=0$$

这个方程是系统的"特征多项式"。系数矩阵 $\mathbf{A}$ 的特征值是这个多项式的根。由于这是二次方程,所以有两个根。使用前面线性系统(方程 6.12)的例子,方程 6.12 可以写成:

$$\det\begin{pmatrix} 2-\lambda & 1 \\ 1 & 2-\lambda \end{pmatrix}=0$$

或者 $\lambda^2-4\lambda+3=0$。在这里,$\lambda_1=1$ 或 $\lambda_2=3$。

请注意,这个系数矩阵的特征值与使用标量法求得特征方程(方程 6.9)的根一样。这并非偶然。实际上,我们很快能看到,当我们计算特征方程 6.6 的根时,我们一直在处理特征值。方程 2.4 中的参数 a 是一个一维简单一阶线性微分方程的一个特征值。

现在我们求得系统(方程 6.12)的特征值,然后要求这些特征值的特征向量。把这些特征值代入 $(\mathbf{A}-\lambda\mathbf{I})\mathbf{V}=0$(一次代入一个特征值)中,得到形如方程 6.15 的表达式,然后求得特征向量。这相当于同时求解方程 6.16 和方程 6.17 的标量形式。我们继续用矩阵形式,通过求解下面的系统,得到特征值为 $\lambda_1=1$ 时,对应的特征向量:

$$\begin{pmatrix} 2-\lambda & 1 \\ 1 & 2-\lambda \end{pmatrix}\mathbf{V}=\begin{pmatrix} 1 & 1 \\ 1 & 1 \end{pmatrix}\begin{pmatrix} x \\ y \end{pmatrix}=0 \qquad [6.19]$$

把方程 6.19 展开,得到两个相同的方程,即 $x + y = 0$。这意味着 $x = -y$,任何形如 $(-y, y)$ 的向量都是与特征值 $\lambda_1 = 1$ 有关的特征向量,只要 $y \neq 0$。例如,$(-1, 1)$,$(2, -2)$,$(-5, 5)$ 都是与特征值 $\lambda_1 = 1$ 有关的等价的特征向量。这个特征向量记为 $\mathbf{V}_1 = (-y, y)$。

当 $\lambda_2 = 3$ 时,把这个值代入系统中,得到向量方程:

$$(2 - 3)x + 1y = 0$$

$$1x + (2 - 3)y = 0$$

从上式可得到两个相同的方程,$x = y$。这意味着,形如 (y, y) 的任何向量都是这个系统关于特征值 $\lambda_2 = 3$ 的特征向量。$(1, 1)$ 就是这个特征向量之一。这个特征向量记为 $\mathbf{V}_2 = (y, y)$。

一些读者会注意到,$\mathbf{V}_1$ 和 $\mathbf{V}_2$ 是线性无关的,因此,这两个向量可以组成一个二维空间 $\mathbb{R}^2$。这意味着,$\mathbb{R}^2$ 空间中的任何点都可以用这两个向量的线性组合来表示。利用这些结果和方程 6.13,我们能把这个方程系统的通解写为:

$$\mathbf{Y}(t) = w_1 e^{1t} \mathbf{V}_1 + w_2 e^{3t} \mathbf{V}_2 \qquad [6.20]$$

请记住,每个向量 $\mathbf{V}_1$ 和 $\mathbf{V}_2$ 都包括 x 和 y。只要特征向量的形式合适,则通解使用哪个特征向量并不重要。例如,由于 $(-1, 1)$,$(1, -1)$,$(2, -2)$ 是对应于 $\lambda_1 = 1$ 的特征向量的一些例子(由于它们相互之间就相差一个系数),所以我们能在解中使用其中任何一个向量。为了简便起见,我将使用与特征值 $\lambda_1 = 1$ 相对应的特征向量 $(1, -1)$ 以及与特征值 $\lambda_2 = 3$ 对应的特征向量 $(1, 1)$。根据这个例子,这意味着,微

分方程系统 x 的任意解是 $x(t) = w_1 e^t + w_2 e^{3t}$,$y$ 的任意解是 $y(t) = -w_1 e^t + w_2 e^{3t}$。这与之前我们使用标量法得到的结果相同(参见方程 6.10 和方程 6.11)。最后一步是求解这两个任意常数 w_1 和 w_2。为了求这两个常数,我们设定 $t = 0$,并利用因变量 x_0 和 y_0 的初始条件来解这两个联立方程组。

总而言之,这两个一阶线性微分方程组成的系统有两个不相等的正实特征值(λ_j),其通解如方程 6.21 所示:

$$\mathbf{Y}(t) = w_1 e^{\lambda_1 t} \mathbf{V}_1 + w_2 e^{\lambda_2 t} \mathbf{V}_2 \qquad [6.21]$$

其中,$\mathbf{V}_j$ 是特征向量,w_j 是依赖于因变量初始值的任意常数。

这里有两点需要注意。首先,当特征值相同时,或当其中一个特征值为 0 时,或当特征值是复数时,前面介绍的求解一阶微分方程系统的通解的过程在这 3 种情况下稍有不同。从某种程度上讲,这是个坏消息,因为为了求这类线性系统的通解,我们需要借用一些其他方法。第二点同样重要,且是个好消息。对于一阶线性微分方程组成的系统,因变量随时间变化的行为依赖于系统的特征值,而不是特征向量或任意常数。这一点可以从方程 6.21 中看出,也能从下面的例子中看出。而且,由于本书推荐的方法是使用数值技术来求解和画一阶常微分方程系统,所以,一旦我们理解了线性系统的特征值的重要性,就不需要方程的通解,我们真正需要的只有特征值。当然,值得指出的是,在出现能用数值分析处理很多计算的计算机之前,线性系统的通解比线性微分系统的实际应用更重要。

第 4 节 ｜ **均衡类别**

　　为什么要像上面那样，一步一步求得线性微分方程系统的通解呢？为了理解特征值的重要性，这也有必要介绍一下。一旦知道任意常数和特征向量都不会影响线性微分方程系统的行为，那么，特征向量和任意常数就可以完全省掉。相反，仅仅根据特征值把线性系统的行为分类，我们能直接使用数值方法来解微分方程。

　　虽然下面描述的均衡类别可应用于二维线性微分方程系统，但这对非线性多维系统是不够的。例如，三维或更多维度的非线性系统可能存在潜在的"奇异的吸引子"，这是和混沌理论有关的现象（Brown，1995b）。混沌也能出现在二维非自治的非线性系统中。但是，下面所列的是所有微分方程系统研究的必要起点，不管它的阶次为多少并且是否为线性。在下一章介绍非线性微分方程系统时，这一点将进一步得到强调。

不稳定的节点

　　下面，我们对二维自治一阶线性微分方程系统在均衡点附近的行为类型做一个分类。我们首先以方程 6.7 和方程

6.8 中的参数值为例。在这里,特征值为 $\lambda_i = (1,3)$,是不等
的正实根。从方程 6.10 和方程 6.11 或方程 6.20 中可以看
出,随着时间的增加,因变量将毫无边界地持续增加。这就
在原点生成了一个不稳定的节点,即这个系统的均衡点。这
类均衡点也称为"源点"。这个词形象地描述了轨迹从这点
散开,就像太阳发出的光远离太阳那样。这个系统的相位图
(使用 Phaser 作图)如图 6.1 所示。请注意,所有的轨迹都往
外远离原点,这就是不稳定的均衡点的特征。

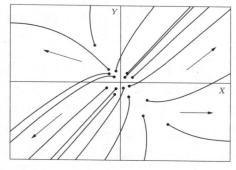

注:初始条件以点表示。所有的运动都沿着显示的轨迹从初始条件往外
移动。

图 6.1　存在不稳定均衡点的二维线性模型

稳定的节点

　　如果系统的参数值改成 $a = -4$, $b = 1$, $c = 1$, $k = -2$,
那么,原点附近的轨迹行为与图 6.1 将相去甚远。此时,特
征值为 $\lambda_i = -3 \pm \sqrt{2}$,是不相等的负实数。从方程 6.21 可以
看出,由于特征值是负数,所以 $e^{\lambda t}$ 随着时间的增加会趋向

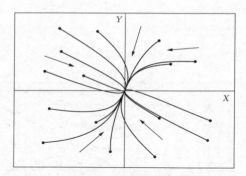

注:初始条件以点表示。所有的运动都沿着显示的轨迹从初始条件往外移动,并汇集在图中心的原点。

图 6.2 存在稳定均衡点的二维线性模型

于 0。由于参数的变化,轨迹逐渐趋向均衡点。在这种情况下,原点是个"稳定的节点"。这类均衡点也称为"沉点"。这类系统的相位图如图 6.2 所示。请注意,在这个图中,所有的轨迹都移向原点,这类行为是在吸引场域内稳定均衡行为的特征。

鞍点

如果把这个线性系统的参数值变成 $a=1$, $b=4$, $c=2$, $k=-1$,则特征值变成 $\lambda_i=(3,-3)$。此时,其中一个特征值是正实根,另一个特征值是负实根。读者也许能猜到,这种情形本质上是前面"源点"和"沉点"两种情形的综合。现在,把这个均衡点称为"鞍点"。这个词是用来反映马鞍的本质的。从一个对角的方向看,均衡点如一个沉点,附近的轨迹都拉向原点。从另一个对角的方向看,均衡点将像一个原

点,附近的轨迹被拉离原点。然而,实际上,只有一个直线解
能永远拉向原点,所有其他轨迹最终都会受外力的影响而转
向离开均衡点。所以这样的均衡点是不稳定的。

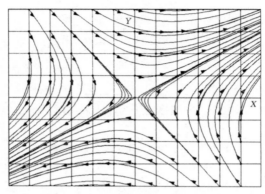

图 6.3　起点为鞍点的二维线性模型

　　这是比一个简单源点或沉点更复杂的情形。图 6.3 描
述了这个系统在原点附近的相位图。把方向场加到图中将
有助于表现轨迹的运动方向。所有轨迹流的起点都由点表
示。请注意,从图的左上角或右下角附近起始的轨迹开始都
被拉向原点,但最后由于正特征值的不稳定特征主导这个系
统,所以轨迹会在第一或第三象限从原点远离。这个没有边
界的行为使鞍点变得不稳定。

不稳定的螺旋线

　　当把系统的参数值变成 $a=1$, $b=4$, $c=-2$, $k=1$ 时,
特征值变成存在实数和虚数两部分的复数,特征值是 $\lambda_i = 1 \pm i\sqrt{8}$。这种情形生成了不稳定的螺旋线轨迹。这些螺旋

线来源于特征值的虚数部分。根据 Euler 方法,我们可以把复数写成 sin 和 cos 的函数形式,这样做是为了得到存在复数特征值的线性微分方程的实解(Blanchard et al., 2006:293—296)。虽然复特征值的虚数部分是因变量随时间震荡的行为的主要原因,但实数部分仍能决定均衡点是沉点、源点,还是中心点。如果复特征值的实数部分是正数,这个轨迹将从原点螺旋形往外走,均衡点是螺旋点的源点。

图 6.4 表示有正实数部分的复特征值的系统的相位图。图中有 4 个初始条件。请注意,所有轨迹都从原点以螺旋线的形式往外移动。也就是说,给定的这些参数值使得原点变成一个不稳定的均衡点。

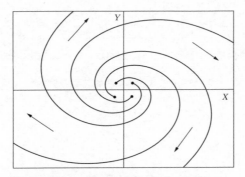

注:运动的方向是沿着箭头往外远离初始条件(以点表示)。

图 6.4 存在不稳定螺旋线的二维线性模型

稳定的螺旋线

下面把参数值改成 $a=-1$, $b=4$, $c=-2$, $k=-1$。如果复特征值的实数部分是负的,那么相位空间的轨迹螺旋形地趋向原点,这个均衡点是一个沉点。此时,这个系统的特征值是 $\lambda_i = -1 \pm i\sqrt{8}$。解的负实数部分会产生以稳定螺旋线为形式的沉点。这个系统的相位图如图 6.5 所示。这张图中有 4 个初始值。请注意,这 4 条轨迹都以螺旋线形式趋向原点,此时,原点是稳定的均衡点。

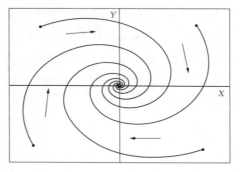

注:运动的方向是沿着箭头远离初始条件(以点表示),趋向均衡点。

图 6.5   存在稳定螺旋线的二维线性模型

椭圆

一阶线性微分方程系统的均衡点的最后一类是椭圆。由于方程系统只有虚特征值,所以形成了椭圆。也就是说,特征值的实数部分是 0。如果把系统的参数值设为 $a = 1$,$b = 4$,$c = -2$,$k = -1$,那么特征值为 $\lambda_i = \pm i\sqrt{7}$。这个系统的相位图如图 6.6 所示。现在的原点称为"中心点",所有轨迹永远围绕着这个中心点运行。这个中心点是稳定的,这是唯一一类非渐近型的稳定均衡点。

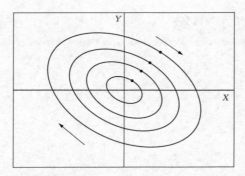

注：运动的方向如箭头所示。

图 6.6　存在椭圆和中心点的二维线性模型

第 5 节 ｜ 小结

任何维度的线性微分方程系统的稳定性标准恰好都能用图 6.7 所示的复平面图来总结。在图 6.7 中，x 轴表示一个系统特征值的实值部分，y 轴表示虚值部分。现在的讨论类似于梅（May，1974：23—26）的文章中关于这些技术应用于生态系统建模的讨论。虽然本书结构紧凑，但这样讨论有助于解决各种线性微分方程的分析解的完整性问题。想进一步了解更详细的讨论的读者，可以参考介绍微分方程的更详细的书（Blanchard et al.，2006）。

现在的问题是，怎么通过把线性微分方程有关的特征值和这些行为的重要成分联系起来表现这些行为。从方程 6.21 能看出，如果特征值中有任何正实数成分，则线性微分方程系统将随着时间的增加呈指数增长（由于指数因素）。所有这些系统都被认为是不稳定的，因为这些系统缺乏关于均衡点的收敛特征。如果所有的特征值都存在负实数部分，那么系统将会随时间的增加而收敛，并保持稳定。而且，如果特征值中包括虚数部分，这个系统将呈现震荡的行为。因此，包括虚数部分和所有负实数部分的系统将会有螺旋形趋近均衡点的轨迹。这些系统是震荡但稳定的。包括虚数部分和至少一个正实数部分的系统将从均衡点螺旋形往外运

动,这些是不稳定的震荡系统。当至少一个特征值是虚数,
且剩下的特征值的实数部分是负数时,出现的是中性均衡,
即围绕均衡点的轨迹。从上面的讨论可以看出,如果所有的
特征值都处于图 6.7 的左边(阴影部分),则线性微分方程系
统的均衡点附近的轨迹都是稳定的。读者应该注意到,当我
们讨论非线性系统的均衡点附近的稳定性标准时,会在下一
章发现图 6.7 的用处。

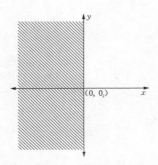

注:稳定的系统要求特征值中存在负实数部分,即复平面的阴影部分。

图 6.7 包括微分方程系统的特征值的复平面($\lambda = x + yi$)

非线性微分方程系统的稳定性分析

　　第 6 章关于一阶线性微分方程系统在均衡点的稳定性的讨论能延伸到非线性方程。由于许多社会科学模型都是非线性的，所以这一点也非常重要。实际上，线性模型更像是常规中的例外。

　　求解非线性微分方程系统的问题是，方程 6.12 的系数矩阵 **A** 在非线性方程中不存在。然而，若意识到能把相位空间中均衡点附近的非线性模型线性化，这个问题就能很容易地解决。也就是说，当我们检验均衡点附近的非线性系统的稳定性时，我们能使用非线性系统的线性部分来得到这个区域的非线性系统行为的精确刻画。在一般情况下，非线性系统在均衡点附近和线性系统中的行为非常相似。虽然也有可能出现例外，但这样的例外在实际中很少遇到。这意味着，虽然我们现在处理非线性系统，但我们持续沿用第 6 章介绍的均衡点稳定性分类。

第 1 节 │ 雅可比矩阵

　　把任何非线性微分方程系统线性化的关键是建立系统的雅可比矩阵(简称为"雅可比")。雅可比是方程 6.12 的系数矩阵 **A** 的等价线性矩阵。虽然大部分学科把这个矩阵称为"雅可比矩阵",但一些学科也用其他称谓。例如,在群体生物学的研究中,雅可比矩阵常被称为"群落矩阵"(May,1974)。首先,对每个方程的所有因变量求偏导数,然后把因变量的均衡值代入这些表达式中,从而得到雅可比矩阵。雅可比矩阵的第一行对应于系统的第一个方程,矩阵的第二行对应于系统的第二个方程,等等。雅可比矩阵的第一列对应于第一个因变量,第二列对应于第二个因变量,等等。所有这些完全与线性系统的方程 6.12 中系数矩阵 **A** 的结构相类似(实际上,线性系统的雅可比矩阵是系数矩阵 **A**)。

　　例如,两个因变量$[f(x, y), g(x, y)]$的两个微分方程组成的系统的雅可比矩阵是:

$$\mathbf{J} = \begin{pmatrix} \dfrac{\partial f(x^*, y^*)}{\partial x} & \dfrac{\partial f(x^*, y^*)}{\partial y} \\ \dfrac{\partial g(x^*, y^*)}{\partial x} & \dfrac{\partial g(x^*, y^*)}{\partial y} \end{pmatrix} \qquad [7.1]$$

　　求解非线性系统在特定均衡点处的雅可比矩阵之后,稳定性分析就如前面章节描述的线性系统那样。也就是说,雅可比矩阵的特征值也可以像从方程 6.12 的系数矩阵中求得特征值那样求得。一旦求得特征值,非线性系统在均衡点附近的行为就可以根据前面章节讨论的线性系统的 6 类均衡稳定性来分类(如不稳定的节点、稳定的节点、鞍点、不稳定的螺旋线、稳定的螺旋线、椭圆)。需要重点强调的是,这类线性化稳定性分析仅仅适用于均衡点附近的区域,超出这个区域,就应该使用前面章节介绍的数值和画图方法。那么,应该是多近的距离呢? 这依赖于当轨迹远离均衡点时,非线性项的相对影响。这在下面的讨论中将具体说明。

在这一点上,我们退一步问:为什么一个非线性系统的线性化等价项能用来评价均衡点的稳定特征,而这个线性化的项离均衡点较远的时候却不能呢? 首先,我们引进两个非线性微分方程:

$$dx/dt = f(x, y)$$

$$dy/dt = g(x, y)$$

我们可以关注在这个均衡点附近,(x_0, y_0) 的行为怎样。然后通过下面的变换把这个均衡点移到原点:

$$u = x - x_0 \qquad [7.2]$$

$$z = y - y_0 \qquad [7.3]$$

现在非常明显,当 x 和 y 在均衡点附近时,新变量会接近原点(Blanchard et al., 2006:458—460)。

根据新变量 u 和 z,我们能把系统重写成下面的方程,其中,x_0 和 y_0 是常数:

$$du/dt = d(x - x_0)/dt = dx/dt = f(x, y)$$

$$dz/dt = d(y - y_0)/dt = dy/dt = g(x, y)$$

从方程 7.2 和方程 7.3 可以看出：

$$du/dt = f(x_0 + u, y_0 + z)$$

$$dz/dt = g(x_0 + u, y_0 + z)$$

在原点附近，u 和 z 接近原点，在均衡点时，

$$du/dt = f(x_0, y_0) = 0 \qquad [7.4]$$

$$dz/dt = g(x_0, y_0) = 0 \qquad [7.5]$$

我们要注意，一旦通过变量转换把均衡点移到原点，那么在均衡点附近，非线性项比线性项更小。例如，如果 $x = 0.1$，$y = 0.1$，那么 $xy = 0.01$。因此，在均衡点附近，线性项主导着系统。对于任何两个相互依赖函数的最好的线性近似是正切平面。这个正切平面和函数的泰勒多项式近似的线性项一样。因此，会得到：

$$\frac{du}{dt} \approx f(x_0, y_0) + \left[\frac{\partial f}{\partial x}(x_0, y_0)\right]u + \left[\frac{\partial f}{\partial y}(x_0, y_0)\right]z$$

$$[7.6]$$

$$\frac{dz}{dt} \approx g(x_0, y_0) + \left[\frac{\partial g}{\partial x}(x_0, y_0)\right]u + \left[\frac{\partial g}{\partial y}(x_0, y_0)\right]z$$

$$[7.7]$$

请注意，根据方程 7.4 和方程 7.5，方程 7.6 和方程 7.7 右边的第一项都为 0。方程 7.6 和方程 7.7 的剩余项以矩阵形式表示，得到：

$$\begin{Bmatrix} du/dt \\ dz/dt \end{Bmatrix} \approx \mathbf{J} \begin{Bmatrix} u \\ z \end{Bmatrix}$$

其中,$\mathbf{J}$ 是方程 7.1 定义的雅可比矩阵。

　　请注意,变量 u 和 z 的变化仅仅表示在均衡点附近的非线性项消失。我们不再需要变量的变化来评价微分方程系统的稳定性,仅需要雅可比矩阵,而雅可比矩阵仅仅依赖于原始变量 x 和 y。

　　虽然上面包括变量变化和雅可比矩阵的讨论都对应于布兰查德等人(Blanchard et al. ,2006:458—460)使用的标识和重点,但读者应该注意,这与微分方程文献的传统表示方法不同。由于这不仅符合本质要求,而且非常具有一般性,所以我更喜欢上面的表示方法。然而,读者会注意到,更常用的方法是模拟均衡点附近的扰动,并观察这些扰动是衰减还是加剧。如果这些扰动衰减,则这个均衡点是稳定的,这是因为这些轨迹最后都会收敛到均衡点。如果这些扰动加剧,则这些轨迹从均衡值往外发散,这个均衡点就是不稳定的。这两种方式都使用雅可比矩阵。这种方法和我偏好的方法的主要区别是,前者不需变量有所变化。然而,泰勒级数在均衡点附近直接近似。虽然这在数学上与我前面介绍的内容相类似,但失去了本能的理解,即为什么在均衡点附近,非线性项很小因而可以忽略。当把均衡点转到原点时,这就变得很明显。从生态群体的视角用一个更传统的方法来呈现这个问题的讨论能在梅(May, 1974:19—26)的文章中找到。对于其在社会科学中的应用,也可参见赫克费尔特等人(Huckfeldt et al. ,1982:40—42)的研究。

　　现在,我们从本章的角度来重新考虑非线性猎食模型(方程 3.1 和方程 3.2),用图 3.3 使用的参数值,$a = 1$,$b = 1$,$c = 3$,$e = 1$,$m = 0$,$n = 0$。我们也可以看到,这些参数值生成了围绕系统中心点的椭圆轨迹使用相位图，其均衡点是 (1/3，1)。我们想确认使用系统的雅可比矩阵的分析，这个系统如方程 7.8 和方程 7.9 所示：

$$dX/dt = X - XY \qquad [7.8]$$

$$dY/dt = 3XY - Y \qquad [7.9]$$

这个系统的雅可比矩阵是：

$$\mathbf{J} = \begin{pmatrix} 1-y^* & -x^* \\ 3y^* & 3x^*-1 \end{pmatrix} = \begin{pmatrix} 0 & -1/3 \\ 3 & 0 \end{pmatrix}$$

其中，x^* 和 y^* 分别表示均衡值 1/3 和 1。

现在，我们把这个均衡值代入雅可比矩阵中，并求特征值：

$$\mathbf{det} \begin{pmatrix} 0-\lambda & -1/3 \\ 3 & 0-\lambda \end{pmatrix} = 0$$

这能生成特征方程 $\lambda^2 + 1 = 0$ 或 $\lambda = \pm\sqrt{-1}$。因此，$\lambda = \pm i$ 是纯虚数。从关于线性系统的前面章节的结果来看，我们知道，这个系统的解形成了围绕中心点 (1/3，1) 的椭圆轨迹。使用这种方法的唯一限制是，关于因变量的椭圆轨迹的结论仅仅适用于位于均衡点附近的相位空间区域，如这个例子所示，有时也可能发现轨迹行为持续远离均衡点。但是，非线性模型都有例外，这就要用其他方法来确认，例如方向场域和流动场域。

第 2 节 | **本章小结**

　　本章把微分方程的讨论延伸到非线性系统的分析。许多有趣的微分方程的应用都有非线性成分,因此把我们的能力局限在线性微分方程并不是个好选择。对于非线性的情形,我们致力于描述在均衡点附近的任何给定系统的稳定性,这是更完整地完成系统分析的一部分,系统分析也用其他方法(如本书前面介绍的图示法)来评价一些系统的更全面特征。非线性系统的稳定性分析的关键是雅可比矩阵。雅可比矩阵能把在均衡点附近的系统线性化,因此能进行基于系统特征值的标准化稳定检验。我们现在转向图 6.7,会发现用线性方法来描述系统的稳定性是一样适当的。两种方法的区别在于,这些非线性实例是位于图 6.7 的局部雅可比矩阵的特征值,而不是整个线性系统的特征值,而稳定性特征就局限在均衡点附近的非线性部分。

第 8 章

研究前沿

　　所有类型（混沌或其他方法）的周期行为都与人的行为有很大的关系。我们每天晚上睡觉，每天早上起床，在固定时间吃饭；我们在固定的时间选举；我们每 10 年进行一次人口普查，收集数据；我们根据其他选举和社会周期来执行人口调查；我们的行为甚至随季节发生变化，即每个夏天游泳，每个冬天滑雪。在一般情况下，人类几乎总是重复性地活动。微分方程和差分方程都是分析许多类型的周期行为的理想模型，如果社会科学家经常利用这些方程，将会大有收益。许多关于人类活动周期的研究是关于微分方程应用的前沿研究的一个实例。无论如何，这也不完全是一个从未探索过的研究前沿。这也是为什么当我们把微分方程应用到科学研究时，会非常兴奋的原因之一。

　　本书仅仅对微分方程研究进行了初步介绍。微分方程的研究中还有很多领域没有被包括在本书范围内。例如，有可能存在这样的动态系统，它们不能用前面章节介绍的图示法（如相位图、方向场域图、向量场域图等）来分析。并不是说这些方法没有用，而是说需要其他工具来解决更复杂情形下遇到的一些问题。当周期行为没有按预期那样重复时，这

种情形就可能发生,这是三维或更多维的混沌微分方程系统
的一个特征(Brown,1995b)。当自变量 t 清晰地包括在方程
中时,这也发生在许多二维非自治系统中。在非自治情形
中,向量场域(定义为微分方程)随着时间的增加而改变。超
出本书的其他方法(如 Poincaré 地图)也能用于这个系统的
分析。

在一般情况下,许多有趣的微分方程系统能产生混乱的
结果,实际上,混乱在本质上非常正常。例如,当水分子随着
河流流动时,不管控制这些运动的物理法则是什么,都不可
能基于它们在上游的位置来预测它们最终在下游的精确位
置。这也不是因为我们没有足够的信息。相反,这是这些系
统的一个特点,即初始条件表面的细微变化能使得系统随时
间变化而产生巨大的变化。此外,笔者在其他地方也有相关
介绍(Brown,1995b),这也是想进一步研究微分方程的学生
下一步学习的一个方面。

在数学研究的许多领域,大学本科学生实际上很少能遇
到学者们在实际研究中所遇到的数学问题。为了看到真实
研究是什么,学生需要进一步接受关于数学方法的研究生教
育。但微分方程的研究有些不同。这是本科生和高级研究
人员都会在这个领域面临的相同的问题,这也是为什么微分
方程研究这么盛行的原因之一。在进行至少一项前沿研究
前,没有必要继续深入研究这个问题。

如果微分方程的研究在一般情况下是真实的,那么,微
分方程在社会科学中的应用甚至会更真实,这一点非常明
显。虽然有很多用微分方程解决重要社会科学问题的例子
(这些本书均有介绍),但我们现在也仅仅是接触到冰山的一

角。对于社会科学家而言,未探究的前沿研究比已经探索的领域更宽广。对于希望在这方面继续深入研究的学生,不管你对未来的设想是线性的还是非线性的,你现在都处在学习的正确时点上。

附　录

附录 1

为了说明这些公式如何在实际中使用,下面的程序(用SAS 编写,很容易改成其他语言)介绍了如何画学习曲线。很重要的一点是介绍如何编程,因为许多社会科学家发现,他们不可避免地会遇到需要编写他们自己的 RK4 模型的情形。有一些软件包自身包括 RK4 法,一些科学家发现,这些软件包很有用,但其他科学家可能发现,这些软件包在处理特别真实的情形时,缺乏足够的灵活性,因此有必要用 RK4法编写自己的模型。最明智的做法是,一旦用 RK4 法编写了一个模型,就可以把这些程序剪切并粘贴到其他程序中。记住,只需要做小小的改动(如步长、初始条件、参数值),同样的编码几乎适用于所有微分方程。

对于下面的编码,大写仅仅是一种体例,是否大写不影响程序的运行。下面有两个子程序:RK4 和 EQS。BUILDIT是子程序 RK4 和 EQS 下面的标签,RK4 子程序在那里调用。EQS 子程序在 RK4 子程序下调用,它下面即微分方程模型。

```
GOPTIONS lfactor = 10 hsize = 6 in vsize = 6 in horigin = 1 in vorigin = 3 in;
TITLE f = swissb h = 1.6 c = black 'Figure 2.3: A Learning Curve';
PROC IML;
```

a = 3.0; * 模型的参数值;

Y = 0.1; U = 1.6; * Y 的初始条件和上限 U;

H = 0.02; time = 0; * 步长 h 和时间的初始值;

START;

GOTO BUILDIT;

RK4:

* 四次 Runge-Kutta 法;

time = 0;

DO LOOP = 1 to 100;

m1 = Y; * RK4 第一步是把因变量的初始值设为 Y;

LINK EQS; * 把方程的子程序连接到 RK4 的第一步;

RK1 = DYDT; * 完成 RK4 第一步;

m1 = Y + (.5♯h♯RK1); * 现在给出用在 RK4 第二步的 m1 第二个值;

LINK EQS; * 把方程子程序连接到 RK4 的第二步;

RK2 = DYDT; * 完成 RK4 第二步;

m1 = Y + (.5♯h♯RK2); * 现在给出用在 RK4 第三步的 m1 第三个值;

LINK EQS; * 把方程子程序连接到 RK4 的第三步;

RK3 = DYDT; * 完成 RK4 第三步;

m1 = Y + h♯RK3; * 现在给出用在 RK4 最后一步的 m1 第四个值;

LINK EQS; * 把方程子程序连接到 RK4 的最后一步;

RK4DYDT; * 完成 RK4 最后一步(或第四步);

YNEXT = Y + ((h/6)♯(RK1 + (2♯RK2) + (2♯RK3) + RK4)); * 这是 RK4;

timenext = time + h;

```
YE = YE // Y; TE = TE // time; * 以向量形式保存 Y 和 T 值;
Trajects = YE || TE;
Y = YNEXT; time = timenext;
end; * 循环结束;
RETURN;


* 使用不同的 Y 值作为 RK4 四步的 m1 值得到的学习曲线模型;


EQS:
DYDT = a # (U_m1); * 这是模型;
RETURN;


BUILDIT:
LINK RK4;
party = {'Y ''Time '};
create traject from trajects(|colname = party|);
append from trajects;
close trajects;
finish; run;


data traject; set traject; * 画图;
sym = 1;
symbol1 color = black v = none f = simplex i = join;
proc gplot data = traject;
axis1 color = black minor = none order = 0 to 2 by. 2 minor = none
value = (h = 1.5 f = swissb c = black)
label = (a = 90 r = 0 h = 2 f = swissb c = black 'Dependent Variable ');
axis2 color = black minor = none order = 0 to 2 by. 25 minor = none
```

```
value = ( h = 1. 5 f = swissb c = black)
label = ( h = 2 f = swissb c = balck 'Time ' );
plot Y * time = sym/skipmiss nolegend
vaxis = axis1 haxis = axis2 vminor = 0 hminor = 0 vref = 1. 6;
run;
quit;
```

附录 2

　　下面是用 RK4 法求解两个方程的系统的 SAS 程序。读者应该能发现，把其中的单个微分方程的程序扩展到下面的微分方程系统是件很容易的事。图 3.2 就是用这个程序画出来的。最后，我也介绍了如何稍微改动这个程序，就能画出如图 3.4 这样的相位图。附录的说明有助于理解 RK4 法的计算过程。

```
GOPTIONS lfactor = 10 hsize = 6 in vsize = 6 in horigin = 1 in vorigin = 3 in;
TITLE f = swiss h = 1.6 c = black 'Figure 3.2: The Predator-Prey Model ';
PROC IML;

a = 1; b = 1; c = 3; e = 1; m = 1.5; n = 0.5;
X = 1; Y = 0.2;
h = 0.1; time = 0; * 步长 h 和时间的初始值;
start;
goto buildit;

RK4;
* 四次 Runge-Kutta;
time = 0;
do LOOP = 1 to 125;
```

```
x1 = X; x2 = Y;
LINK EQS;
RK1 = DXDT; CK1 = DYDT;
x1 = X + (.5#h#RK1); x2 = Y + (.5#h#CK1);
LINK EQS;
RK2 = DXDT; CK2 = DYDT;
x1 = X + (.5#h#RK2); x2 = Y + (.5#h#CK2);
LINK EQS;
RK3 = DXDT; CK3 = DYDT;
x1 = X + (h#RK3); x2 = Y + (h#CK3);
LINK EQS;
RK4 = DXDT; CK4 = DYDT;


XNEXT = X + ((h/6)#(RK1 + (2#RK2) + (2#RK3) + RK4));
YNEXT = Y + ((h/6)#(CK1 + (2#CK2) + (2#CK3) + CK4));
timenext = time + h;


YE = YE//Y; XE = XE//X; TE = TE//time;
trajects = XE ‖ (YE ‖ TE);
Y = YNEXT; X = XNEXT; time = timenext;
end;
RETURN;


*猎食模型;
EQS:
DXDT = (a - b#x2 - m#x1)#x1;
DYDT = (c#x1 - e - n#x2)#x2;
RETURN;
```

```
BUILDIT;

LINK RK4;
party = {'X ''Y ''Time '};
create traject from trajects (|colname = party|);
append from trajects;
close traject;
funish; run;

data traject; set traject;
sym = 1;
if t = 0 then sym = 3
label Y = 'Predator and Prey Populations ';
label t = 'Time ';
symbol1 color = black v = NONE f = centb i = join;
symbol2 color = black f = centbv = symbol1 color = black v = '.';

proc gplot data = traject;
axis1 color = black minor = none
value = (h = 1.5 f = swissb c = black)
label = (h = 1.3 a = 90 r = 0 f = swissb c = black);
axis2 color = black minor = none
value = (h = 1.5 f = swissb c = black)
label = (h = 1.3 f = swissb c = black);
plot Y * Time X * Time/overlay nolegend skipmiss
vaxis = axis1 haxis = axis2 vminor = 0 hminor = 0;
run;
```

```
quit;
```

修改这个程序就能得到如图 3.4 所示的相位图，只需修改上面命令的后半部分。例如，要得到图 3.4，就用以下命令代替上面程序的后半部分：

```
data traject; set traject;
sym = 1;
if t = 0 then syn = 3;
label Y = 'Predator Population ';

label X = 'Prey Population ';
label t = 'Time ';
symbol1 color = black v = NONE f = centb i = join;
symbol2 color = black f = centb v = '. ';

proc gplot data = traject;
axis1 color = black minor = none
value = (h = 1.5 f = swissb c = black)
label = (h = 1.3 a = 90 r = 0 f = swissb c = black);
axis2 color = black minor = none
value = (h = 1.5 f = swissb c = black)
label = (h = 1.3 f = swissb c = black);
plot Y * X/nolegend skipmiss
vaxis = axis1 haxis = axis2 vminor = 0 hminor = 0;
run;
quit;
```

参考文献

Aczel, A. D. (2003). *Entanglement: The unlikely story of how scientists, mathematicians, and philosophers proved Einstein's spookiest theory.* New York: Plume.

Atkinson, K. (1985). *Elementary numerical analysis.* New York: Wiley.

Berelson, B. R., Lazarsfeld, P. F., & McPhee, W. N. (1954). *Voting: A study of opinion formation in a presidential campaign.* Chicago: University of Chicago Press.

Blanchard, P., Devaney, R. L., & Hall, G. R. (2006). *Differential equations*(3rd ed.). Belmont, CA: Thomson—Brooks/Cole.

Boyce, W. E., & DiPrima, R. C. (1977). *Elementary differential equations and boundary value problems*(3rd ed.). New York: Wiley.

Braun, M. (1983). *Differential equations and their applications.* New York: Springer-Verlag.

Brown, C. (with MacKuen, M.). (1987a). "On political context and attitude change." *American Political Science Review, 81*(2), 471—490.

Brown, C. (1987b). "Mobilization and party competition within a volatile electorate." *American Sociological Review, 52*(1), 59—72.

Brown, C. (1988). "Mass dynamics of U. S. presidential competitions, 1928—1936." *American Political Science Review, 82*(4), 1153—1181.

Brown, C. (1991). *Ballots of tumult: A portrait of volatility in American voting.* Ann Arbor: University of Michigan Press.

Brown, C. (1993). "Nonlinear transformation in a landslide: Johnson and Goldwater in 1964." *American Journal of Political Science, 37*(2), 582—609.

Brown, C. (1994). "Politics and the environment: Nonlinear instabilities dominate." *American Political Science Review, 88*(2), 292—303.

Brown, C. (1995a). *Serpents in the sand: Essays on the nonlinear nature of politics and human destiny.* Ann Arbor: University of Michigan Press.

Brown, C. (1995b). *Chaos and catastrophe theories.* Series: Quantitative Applications in the Social Sciences, Number 107. Thousand Oaks, CA: Sage.

Brown, C. (2008). *Graph algebra: Mathematical modeling with a systems approach*. Series: Quantitative Applications in the Social Sciences. Thousand Oaks, CA: Sage.

Campbell, A. , Converse, P. E. , Miller, W. , &. Stokes, D. E. (1960). *The American voter*. New York: Wiley.

Coleman, J. S. (1964). *Introduction to mathematical sociology*. New York: Free Press.

Coleman, J. S. , Katz, E. , &. Menzel, H. (1957). "The diffusion of an innovation among physicians. " *Sociometry*, *20*, 253—270.

Cortés, F. , Przeworski, A. , &. Sprague, J. (1974). *Systems analysis for social scientists*. New York: Wiley.

Crosby, R. W. (1987). "Toward a classification of complex systems. " *European Journal of Operational Research 30*, 291—293.

Danby, J. M. A. (1997). *Computer modeling: From sports to spaceflight ... from order to chaos*. Richmond, VA: Willmann-Bell.

Engel, J. H. (1954). "A verification of Lanchester's law. " *Operations Research*, *2*, 163—171.

Forrester, J. W. (1971). *World dynamics*. Cambridge, MA: Wright-Allen Press.

Gottman, J. M. , Murray, J. D. , Swanson, C. , Tyson, R. , &. Swanson, K. R. (2003). *The mathematics of marriage: Dynamic nonlinear models*. Cambridge: MIT Press.

Hadley, G. (1961). *Linear algebra*. Reading, MA: Addison-Wesley.

Hamming, R. W. (1971). *Introduction to applied numerical analysis*. New York: McGraw-Hill.

Hamming, R. W. (1973). *Numerical methods for scientists and engineers* (2nd ed.). New York: McGraw-Hill.

Hirsch, M. W. , &. Smale, S. (1974). *Differential equations, dynamical systems, and linear algebra*. New York: Academic Press.

Huckfeldt, R. R. , Kohfeld, C. W. , &. Likens, T. W. (1982). *Dynamic modeling: An introduction*. Newbury Park, CA: Sage.

Kadera, K. (2001). *The power-conflict story: A dynamic model of interstate rivalry*. Ann Arbor: University of Michigan Press.

Koçak, H. (1989). *Differential and difference equations through computer experiments with a supplementary diskette containing PHASER: An animator/simulator for dynamical systems for IBM personal computers* (2nd ed.). New York: Springer-Verlag.

Lanchester, F. W. (1916). *Aircraft in warfare: The dawn of the fourth arm*. London: Tiptree, Constable and Company.

Lotka, A. J. (1925). *Elements of physical biology*. Baltimore: Williams and Wilkins.

Malthus, T. (1999). *An essay on the principle of population*. Oxford: Oxford University Press. (Original work published 1798)

May, R. M. (1974). *Stability and complexity in model ecosystems* (2nd ed.). Princeton, NJ: Princeton University Press.

Mesterton-Gibbons, M. (1989). *A concrete approach to mathematical modeling*. New York: Addison-Wesley.

Morris, M., & Brown, O. E. (1952). *Differential equations* (3rd ed.). New York: Prentice-Hall.

Przeworski, A. (1975). "Institutionalization of voting patterns, or is mobilization the source of decay." *American Political Science Review*, 69 (1), 49—67.

Przeworski, A., & Soares, G. A. D. (1971). "Theories in search of a curve: A contextual interpretation of left vote." *American Political Science Review*, 65(1), 51—68.

Przeworski, A., & Sprague, J. (1986). *Paper stones: A history of electoral socialism*. Chicago: University of Chicago Press.

Rapoport, A. (1960). *Fights, games and debates*. Ann Arbor: University of Michigan Press.

Rapoport, A. (1983). *Mathematical models in the social and behavioral sciences*. New York: Wiley.

Richardson, L. F. (1960). *Arms and insecurity*. Chicago: Quadrangle Books.

Simon, H. A. (1957). *Models of man: Social and rational*. New York: Wiley.

Tuma, N. B., & Hannan, M. T. (1984). *Social dynamics: Models and methods*. New York: Academic Press.

Volterra, V. (1930). *Theory of functionals*. L. Fantappiè (Ed.). (M. Long, Trans.) Glasgow: Blackie.

Volterra, V. (1931). *Theorie mathématique de la lutte pour la vie*. Paris: Gauthier-Villars.

Zill, D. G. (2005). *A first course in differential equations with modeling applications*. Belmont, CA: Thomson-Brooks/Cole.

译名对照表

analytical solutions to linear first-order differential equations	一阶线性微分方程的分析解
army losses	军队损耗
autonomous differential equations	自治微分方程
catastrophe theory	灾难理论
chaos theory	混沌理论
closed systems	封闭系统
coefficient matrix	系数矩阵
correlational analysis	相关分析
cross-tabulation tables	交叉表
deterministic differential equation models	确定性微分方程模型
direction field diagrams	方向场域图
elliptical trajectories	椭圆轨迹
equilibria	均衡
equilibrium marsh	均衡域
equivalent expressions	等价表达式
Euler method	Euler 法
exponential Decay	指数衰减
exponential growth	指数增长
field diagrams	场域图
first-order differential equations	一阶微分方程
flow diagrams	流程图
fourth-order Runge-Kutta method	四次 Runge-Kutta 法
global warming modeling	全球变暖模型
goods production and exchange model	商品生产交易模型
guess and test method	猜测检验法
Heun's method	Heun 法
higher-order differential equations	更高阶微分方程
imaginary components	虚数部分
improved Euler method	改进的 Euler 法
initial-value problems	初始值问题

图书在版编目(CIP)数据

微分方程：一种建模方法/(美)考特尼·布朗著；
李兰译.—上海：格致出版社：上海人民出版社，
2022.9
（格致方法.定量研究系列）
ISBN 978-7-5432-3376-8

Ⅰ.①微…　Ⅱ.①考…②李…　Ⅲ.①微分方程-研
究　Ⅳ.①O175

中国版本图书馆 CIP 数据核字(2022)第 151163 号

责任编辑　裴乾坤

格致方法·定量研究系列
微分方程：一种建模方法
［美］考特尼·布朗 著
李　兰 译

出　　版　格致出版社
　　　　　上海人民出版社
　　　　　（201101　上海市闵行区号景路 159 弄 C 座）
发　　行　上海人民出版社发行中心
印　　刷　浙江临安曙光印务有限公司
开　　本　920×1168　1/32
印　　张　5.5
字　　数　105,000
版　　次　2022 年 9 月第 1 版
印　　次　2022 年 9 月第 1 次印刷
ISBN 978-7-5432-3376-8/C·274
定　　价　38.00 元

本书版权归 SAGE Publications 所有。由 SAGE Publications 授权翻译出版。

上海市版权局著作权合同登记号：图字 09-2009-550

格致方法·定量研究系列